SUR QUELQUES GISEMENTS

DE

L'OXFORDIEN INFÉRIEUR

DE

L'ARDÈCHE

PAR

EUGÈNE DUMORTIER

LA DESCRIPTION DES ÉCHINIDES

PAR

G. COTTEAU

AVEC SIX PLANCHES

PARIS
F. SAVY, ÉDITEUR
24, RUE HAUTEFEUILLE, 24

LYON
JOSSERAND, LIBRAIRE
3, PLACE BELLECOUR, 3.

Avril 1871

SUR QUELQUES GISEMENTS

DE

L'OXFORDIEN INFÉRIEUR

DU

DÉPARTEMENT DE L'ARDÈCHE

LYON. — IMPRIMERIE PITRAT AINÉ, RUE GENTIL, 4.

SUR QUELQUES GISEMENTS

DE

L'OXFORDIEN INFÉRIEUR

DE

L'ARDÈCHE

PAR

EUGÈNE DUMORTIER

AVEC SIX PLANCHES

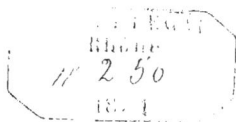

PARIS

F. SAVY, ÉDITEUR,

24, RUE HAUTEFEUILLE, 24

LYON

JOSSERAND, LIBRAIRE,

3, PLACE BELLECOUR, 3

Avril 1871

Bien que ce mémoire porte la date d'avril 1871, le texte et les planches étaient, à cette date, entièrement achevés depuis près d'une année. Les désastres qui sont venu fondre sur la France, à la fin de l'été dernier, en ont seuls empêché la publication.

Quelque soit le découragement que les malheurs publics entraînent, j'ai pensé que l'on devait moins que jamais mettre de côté les études sérieuses et les consolations qu'elles peuvent apporter et je livre au public des observations faites dans des temps meilleurs.

SUR QUELQUES GISEMENTS

DE

L'OXFORDIEN INFÉRIEUR

DU

DÉPARTEMENT DE L'ARDÈCHE

Les gisements de fossiles oxfordiens de l'Ardèche sont encore à peine connus, pour la plupart, malgré le grand développement de la formation, malgré le nombre considérable et souvent la bonne conservation des espèces.

Le but que je me propose, dans les pages qui suivent, est d'attirer l'attention des géologues sur trois localités dignes d'intérêt dont les fossiles appartiennent sûrement à un même niveau tout spécial. Ces gisements, placés sur des points assez rapprochés, offrent un grand nombre d'espèces communes ; on remarque toutefois de notables différences dans la distribution très-inégalement répartie de plusieurs familles. Une partie des fossiles que leur étude m'a fournie, se retrouvent, au même niveau, dans l'Est et le Midi de la France, mais surtout en Suisse et en Bavière : on y rencontre de plus des espèces nouvelles, caractérisées par de bons échantillons.

DÉTAILS SUR LA POSITION DES GISEMENTS

Le Ravin. — En partant de la ville de la Voulte, si l'on suit le sentier qui mène des mines de fer à la petite localité de Celles, au moment où l'on commence à descendre vers ce village, le chemin suit le haut d'un ravin très-profond, large et accidenté, creusé dans des marnes bleu foncé dominées sur la gauche par des calcaires gris jaunâtres : — par-dessus on voit une masse considérable de calcaires blanchâtres, à grain fin. On ne tarde pas à reconnaître dans les marnes, sur lesquelles on marche, d'assez nombreuses petites Ammonites pyritisées ; il faut alors quitter le sentier, descendre à droite dans le ravin et l'on trouvera sur le talus très-rapide qui forme la rive gauche, à 5 mètres environ au-dessous de la zone à petites Ammonites, un lit de marnes rugueuses noirâtres, de la même couleur que la masse, mais un peu plus résistantes ; ce très-petit niveau contient une foule de débris de Spongitaires d'une très-belle conservation, des Échinides en petit nombre, des Aptychus, etc.

Malheureusement, quand il n'y a pas eu de pluies abondantes, il est presque impossible de retrouver cette petite couche. — La très-légère saillie que fait la marne à Spongitaires est ordinairement oblitérée par les éboulis de petits fragments des marnes supérieures, et il suffit d'une couche de 2 ou 3 centimètres pour cacher tout à fait le niveau fossilifère. On se trouve alors en face d'une série de 100 mètres au moins de couches émiettées en très-petites parties et d'une couleur partout uniforme. L'unique point de repère est la zone riche en petites Ammonites, zone d'une épaisseur de 6 à 10 mètres. — Les Spongitaires se trouvent à 5 mètres à peu près au-dessous. Pour éviter les répétitions nous donnerons à cette localité le nom du Ravin.

La Pouza. — Le second gisement est à une distance très-rapprochée du Ravin. Si l'on continue à suivre le sentier, comme pour aller à Celles, on remarque, à 400 mètres environ avant d'arriver à ce petit village, connu par ses eaux minérales, une maison isolée, assez haut placée contre la montagne, sur la droite, directement au nord du hameau de Rondette, c'est la ferme connue sous le nom de la Pouza ; les pentes qui précèdent la ferme, du côté de la Voulte, présentent des couches marneuses blanchâtres, dures, très-rugueuses, très-inclinées, formant de petits ravins.— Ici on rencontre les mêmes Spongitaires que dans le gisement du Ravin, de plus quelques bivalves et une immense quantité de débris d'Échinides et d'Encrinites. Nous désignerons ce point sous le nom de la Pouza.

La Clapouze.— Enfin la troisième localité, où nous avons pu observer des fossiles appartenant sûrement au même niveau, est séparée des deux autres gisements par la montagne de l'Escrinet et une distance de 20 kilomètres à peu près : elle est située sur la commune de Saint-Étienne de Boulogne. En partant de Privas, par la route qui mène à Aubenas, après avoir gravi la montée et dépassé le col, il faut s'arrêter à la première maison qui se rencontre en descendant : cette maison, connue sous le nom d'auberge de Dusserre, est le point précis où il faut quitter la route pour se diriger à droite sur le clocher de Saint-Étienne de Boulogne que l'on aperçoit au Sud-Ouest. L'on marche pendant un kilomètre sur un terrain des plus accidentés dans les marnes oxfordiennes et le basalte qui se montre de toutes parts ; si l'on suit bien la direction indiquée, qui est aussi celle d'une vieille route abandonnée et horriblement défoncée, on arrive à un petit cours d'eau qui descend des hauteurs de Gourdon et qui coule sur des grès irréguliers à gros grains de quartz ; là, sur la rive gauche du ruisseau, ces grès fortement relevés forment une petite ravine ou plutôt un petit cirque à fortes pentes, où l'on peut recueillir en quantité, dans des marnes durcies, grises, jaunâtres et claires, les mêmes fossiles déjà signalés dans les deux autres localités, et de plus une immense quantité de Brachiopodes ; — le petit escarpement et la prairie en face sur la rive droite sont également très-riches. L'endroit se nomme la Clapouze, mais ce nom tout à fait local est à peine connu dans le pays même et ne serait qu'une bien mince ressource pour trouver le gisement qui est d'une très-petite étendue. Il y a sur la rive droite une petite grange basse, avec un toit à double pente, qui se voit d'assez loin et qui peut servir de point de direction, je désignerai ce troisième gisement sous le nom de la Clapouze.

Relations stratigraphiques. — Avant de passer à l'examen des fossiles que fournissent les trois gisements indiqués, il convient de rechercher quelles lumières l'on peut tirer de la superposition, pour arriver à connaître le niveau géologique de ces dépôts.

Nous ne pouvons malheureusement étudier que sur un seul point les couches qui recouvrent les fossiles qui font l'objet de ce mémoire, mais là il ne reste aucune incertitude sur les relations : ce point est le gisement du Ravin. Comme je l'ai déjà dit, le banc où se trouvent les fossiles est perdu au milieu d'un énorme massif de marnes noirâtres, réduites en très-petits fragments, sans couches solides intercalées : dans ce massif, où toutes les couches se ressemblent et se confondent, on remarque à 5 ou 6 mètres au-dessus de nos fossiles un niveau qui, sur une épaisseur de 6 à 7 mètres, fournit les espèces suivantes :

Belemnites Sauvaneausus d'Orbigny, c., *Bel. Coquandus* d'Orbigny, *Bel. Privasensis* Mayer, c., *Bel. semihastatus* Blainville, c., très-grand rostre déprimé partout, médiocrement fusiforme, cône alvéolaire très-court ; le sillon profond.

dans la région alvéolaire, va en s'élargissant beaucoup et se perd à la moitié de la longueur.

Rhyncholites Cellensis nov. spec., *Rhyncholites cameræ* nov. spec., *Ammonites alligatus* Leckenby, *Am. plicatilis* Sowerby, *Am. tortisulcatus* d'Orbigny, c., *Am. heterophyllus* Sowerby, r. r., *Am. Lochensis* Oppel, *Am. macrocephalus* Schlotheim, c., *Am. tumidus* Reinecke, c., *Am. hecticus* Reinecke (variété *nodosus*), enfin une Ammonite très-conforme à la figure que donne Quenstedt *(Der Jura*, pl. 74, fig. 2 et 3) sous le nom de *Biplex bifurcatus*.

Ancyloceras tuberculatus Beaugier et Sauzé, sp., *Aptychus Berno-Jurensis* Thurmann, *Aptychus heteropora* Thurmann? Ce n'est pas sans hésitation que je rapporte mes échantillons à cette espèce ; quoique la forme soit bien semblable, le test des *Aptychus* des marnes supérieures du ravin n'est pas épais, il s'en faut de beaucoup ; ainsi un specimen d'une longueur de 18 millimètres ne paraît pas dépasser l'épaisseur de 1 milimètre 1/2.

Cette faune me semble indiquer bien nettement l'argovien inférieur ; l'on est surpris d'y rencontrer l'*Am. macrocephalus* qui n'y est pas rare, toujours comprimé et de petite taille. Quant à l'*Ancyloceras tuberculatus*, on le rencontre souvent dans la région, au niveau des marnes inférieures à petites Ammonites ; nous verrons dans les pages suivantes que cette faune des marnes à petites Ammonites n'a de fossiles communs avec celle de nos trois gisements que les Bélemnites et les Rhyncholites.

Dans ce gisement du Ravin, après avoir constaté ce qui se trouve au-dessus de notre niveau, si nous examinons ce qui est au-dessous, nous trouvons d'abord plusieurs mètres des mêmes marnes, sans fossiles, puis 20 mètres au moins de marnes semblables entrelardées de quelques bancs de calcaire jaunâtre avec quelques fossiles de l'oxfordien inférieur.

A la Pouza les couches fossilifères présentent une toute
autre apparence ; elles sont représentées par des marnes d'un
blanc grisâtre, rugueuses, très-dures par places, un peu
sableuses et fortement redressées. Il est singulier de voir un
dépôt du même âge, contenant en grande partie les mêmes
fossiles et cependant si différents d'aspect sur deux points
aussi rapprochés, car la distance du Ravin à la Pouza est à
peine de un kilomètre. On ne voit pas ici, d'une manière
nette ce qui recouvre les couches à Échinides et à Spongitaires, mais ces couches reposent, sans intermédiaires, sur un
calcaire grossier de l'oolite inférieur qui se montre là entièrement rempli de tiges du *Pentacrinus nodosus* Quenstedt.

A la Clapouze, malgré le désordre qui règne dans la strati-
fication, désordre causé par les émissions de basalte qui ont
bouleversé toute la contrée, on voit les couches fossilifères
reposant en contact intime sur les grès irréguliers à gros
grains de quartz qui, dans l'Ardèche, constituent presque
par tout le lias supérieur. Les fossiles du lias manquent sur
les points en contact, mais, à quelques pas plus loin, dans le
lit même du ruisseau, on rencontre des empreintes de l'*Ammonites Walcotti* d'assez grande taille. Les fossiles oxfordiens, d'une abondance incroyable, se rencontrent dans des
marnes durcies, jaunâtres, sableuses, très-rudes encore, et
ces fossiles sont pour la plupart entièrement silicifiés.

Je dois mentionner de plus une quatrième localité, dans
le département du Gard, dont la découverte est due aux
recherches du frère Euthyme, et qui fournit des fossiles
tellement semblables à ceux des trois gisements de l'Ardèche
qu'il est impossible de ne pas admettre que l'on a sous les
yeux un lambeau de la même formation. Ce point remarquable est à Saint-Brès, près de Saint-Ambroix, à l'ouest du
hameau de Dieuze. Je n'ai pas eu le loisir d'étudier ce gisement en détail, mais sa position géologique mérite d'être

signalée ; les couches, d'une épaisseur médiocre, reposent
sur les calcaires grossiers de l'oolithe inférieure, riches en
débris d'*Ammonites subradiatus* ; elles sont recouvertes par
une série épaisse de marnes oxfordiennes, entremêlées de
quelques couches solides et dans lesquelles les fossiles sont
des plus rares. Il est singulier de ne rencontrer nulle part
les fossiles calloviens du minerai de fer de la Voulte (Ardèche) :
peut-être ces fossiles existent-ils au-dessous des marnes
inférieures du Ravin, mais ils manquent assurément à la
Pouza, à la Clapouze et à Saint-Brès. Il résulte de ces consi-
dérations que le gisement seul du Ravin peut nous appren-
dre quelque chose sur le niveau géologique de notre dépôt,
en laissant voir la succession naturelle des couches et le contact inférieur et supérieur.

Heureusement les fossiles nombreux que nous avons recueillis et que nous allons examiner en détail pourront nous
fournir des données plus précises, et nous permettront de fixer
d'une manière à peu près certaine l'étage dans lequel ils
doivent être placés.

Comme les fossiles de Saint-Brès présentent les mêmes
espèces que nos trois gisements de l'Ardèche et associés
dans les mêmes proportions, on en peut conclure que ces
dépôts ne sont pas un accident tout à fait local et borné à la
petite région basaltique des environs de Privas. En effet, si
l'on joint par une ligne les localités du Ravin, de la Pouza,
de la Clapouze et de Saint-Brès, on voit que la faune si spéciale de ces gisements s'est propagée au minimum sur une longueur qui dépasse 75 kilomètres, en suivant une direction à
peu près N-S, direction qui suit assez bien la ligne de contact
des couches jurassiques avec les roches cristallines. Je ne
doute pas que des recherches plus détaillées ne fassent dé-
couvrir, dans une contrée encore si peu exploitée, plusieurs
autres points où notre niveau spécial se retrouvera ; il ne

faut pas oublier que l'émission des basaltes est venue s'ajouter ici à la complication, déjà considérable, résultant des mouvements anciens. Les accidents ne doivent pas surprendre dans un pays où, comme à Veyras par exemple, les dislocations sont assez puissantes pour élever les couches de l'infra-lias au-dessus du niveau des dépôts oxfordiens.

Pour indiquer d'une manière claire la position des couches dont l'étude fait l'objet de cette note, j'ai cherché à réunir les éléments d'une coupe théorique de l'étage oxfordien, pour la région qui entoure Privas ; ce travail est presque impossible ; les notes recueillies sur des points très-rapprochés semblent se contredire ; on voit les épaisseurs des dépôts changer aussi bien que leur nature minéralogique. On devra donc considérer le tableau suivant comme le résultat provisoire de més recherches et comme un aperçu très-imparfait de l'ordre de superposition des couches, aperçu que les observations ultérieures devront compléter et modifier en plus d'un point.   .

Coupe théorique de l'étage oxfordien dans les environs de Privas (Ardèche).

1. — Calcaire blanc grisâtre, à grain fin, dur, compact; partie supérieure des collines. Ces calcaires couronnent toutes les sommités et fournissent de belles pierres de taille : on les trouve à Crussol (en face de Valence) sous le château; au sud de Privas, en haut de la route des Coyrons, où ils sont recouverts par le basalte. — On y rencontre quelques Ammonites de petite taille. . . . . . . 25 à 30 mètres.

2. — Même calcaire compact, un peu moins blanc — quelques Ammonites — Ce niveau paraît correspondre à la zone à *Ammonites tenuilobatus* d'Oppel. . . . . 10 mètres.

3. — Calcaire compact, blanchâtre, avec quelques bancs marneux; l'église du village de Rompon est sur ces couches. . . . . . 8 mètres.

4. — Calcaire compact blanchâtre, dur, alternant avec des couches rugueuses, avec quelques taches d'oxyde de fer. Niveau de la carrière, si importante pour ses fossiles, de la pointe sud de la montagne de Crussol : *Ammonites oculatus ; Aptychus, scyphia , terebrat. nucleata* . . . . 3 à 5 mètres.

5. — Calcaire blanc grisâtre en gros bancs. Plusieurs carrières sont exploitées sur ces couches sur la pente sud de Crussol ; les Ammonites et les grandes Bélemnites n'y sont pas très-rares. . . . . . . 20 mètres.

6. — Calcaire grisâtre un peu marneux, très-dur par places. — Ce niveau m'a fourni plusieurs Ammonites, entre autres l'*Am. Rhodanicus*, espèce nouvelle dont on trouvera la description à la fin de cette note, et l'*Am. Lothari* Oppel, qui est signalée à Baden, à un niveau plus élevé dans la série. . . . . 6 mètres.

7. — Marnes grises, avec bancs calcaires gris jaunâtres. — Très-pauvre . . . . 15 à 20 mètres.

8. — Marnes noirâtres, fragmentaires, très-peu de fossiles. . 10 mètres

9. — Marnes noirâtres avec petites Ammonites. Ces marnes, tantôt très-foncées, tantôt d'un gris plus clair, sont très-riches en petites *Ammonites*, en *Bélemnites*, en *Aptychus*. (Voir la liste donnée page 6 qui ne comprend que les fossiles d'un seul gisement), les fossiles se rencontrent surtout dans la moitié supérieure. Épaisseur. . . 12 mètres.

10. — Marnes noirâtres très-fragmentaires sans fossiles. . 5 à 6 mètres.

11. — Marnes noirâtres avec petites mises de la même couleur mais plus dures. Niveau des gisements du Ravin, de la Pouza et de la Clapouze, dont les fossiles sont décrits dans le présent mémoire. 6 à 8 mètres.

12. — Marnes noirâtres fragmentaires sans fossiles. . . . 20 mètres.

13. — Marnes grises, moins foncées, avec bancs calcaires intercalés : elles sont remplies, dans toute la région, des empreintes de la *Posidonomya Ornati* Quenstedt ; cette Posidonomie joue un rôle très-important dans la paléontologie de l'Ardèche, et sa présence n'est pas bornée à ce niveau ; on la retrouve souvent, dans des couches plus élevées, jusque dans les calcaires marneux, n. 6. . . . . . 6 à 15 mètres.

14. — Calcaires marneux jaunâtres, souvent très-durs. — Ces calcaires forment un horizon remarquable dans les environs de Privas ; les points les plus commodes pour les étudier sont : la plaine du Lac, en allant à Chomerac, et surtout le chemin derrière le village de Couz, à Toleac ;— la *Posidonomya Ornati* n'est pas très-rare, mais on y peut recueillir de plus, en nombre considérable, la *Posidonomya Dalmasi* (nouvelle espèce décrite plus loin) quelquefois en fort beaux exemplaires. . . . . 20 mètres.

15. — Minerai de fer de la Voulte, avec ses beaux fossiles calloviens . . . . 10 mètres.

Je crois qu'il faut inscrire , comme dernière couche inférieure du callovien de la Voulte, les plaquettes de marnes jaunâtres, durcies, qui ont fourni les jolis échantillons de Stellérides décrits par M. Heller, sous le nom de *Geocoma elegans*.

CONSIDÉRATIONS SUR LES FOSSILES

Les circonstances dans lesquelles sont recueillis les fossiles que nous nous proposons d'étudier sont telles qu'il n'y a pas de confusion de niveau possible. Dans les gisements de la Pouza et de la Clapouze les couches fossilifères sont isolées ; dans les gisements du Ravin les fossiles n'ont pas été ramassés dans les éboulis, ni sur le passage des eaux, mais bien en place, dans une petite couche plus solide, faisant légèrement saillie au milieu du vaste ensemble des marnes noirâtres. On est donc ici tout à fait à l'abri des accidents de mélange et de l'incertitude du niveau.

Voici la liste des fossiles fournis par le gisement du Ravin, au point indiqué ; les corps organisés, autres que les Spongitaires, sont peu nombreux, et cela tient surtout à ce que les recherches, sur ce point, ne sont possibles que dans des circonstances spéciales et, pour ainsi dire, par intermittance.

Fossiles du Ravin.

Belemnites Privasensis Mayer.
Belemnites Coquandus d'Orbigny.
Belemnites Sauvaneausus d'Orbigny.
Aptychus...
Rhyncholites Cellensis nov. spec., r.
Rhyncholites Camerœ nov. spec., r.
Terebratella loricata Schlotheim, sp.
Pentacrinus subteres Goldfuss.
Eugeniacrinus caryophyllatus, Goldf., r.
Cidaris filograna Agassiz.
Cidaris pilum Michelin.
Rabdocidaris spinosa Agassiz, r.
Cnemiseudea rotula Golfd., sp.
Cnemiseudea suberea nov., sp.
Eudea Buchi Goldf., sp. c.
Epeudea prœgnans nov. sp., r. r.
Elasmoierea palmicea nov. sp.

Cribroscyhia psilopora Godlf., sp. c.
Cribroscyphia texta Goldf., sp. c.
Cribroscyphia inversa nov. sp., c.
Gonioscyphia parallela Goldf. sp., c. c.
Gonioscyphia dichotomans nov. sp., c. c.
Porostoma multiforis nov. sp.
Cupulochonia patella Goldf., sp.
Enaulofungia rimulosa Goldf., sp. r.

Fossiles de la Pouza.

Sphenodus longidens Agassiz, r.
Rhyncholites Cellensis nov. sp.
Belemnites Privasensis Mayer, c.
Belemnites semihastatus Blainville, r.
Belemnites Clucyensis Mayer, r.
Nucula hammeri de France, r.
Lima... nov. sp. c.
Rhynchonella Oxyopticha. Fischer. r.
Rhynchonella corculum nov. sp., r. r.
Terebratula subrugata E. Deslongchamps. r.
Pentacrinus subteres Goldf., r.
Pentacrinus pentigonalis Goldf., r.
Millericrinus.... strié, c. c.
Millericrinus.... rugueux, c. c.
Eugeniacrinus nutans Goldf. sp., c. c.
Eugeniacrinus fenestratus nov. sp. r.
Eugeniacrinus cariophyllatus Goldf. sp., c. c
Asterias impressæ Quenstedt. c. c.
Cidaris Cartieri Desor, r. r.
Cidaris Schloenbachi Mœsch., r. r.
Cidaris filograna Agassiz, c. c.
Cidaris lœviuscula Agassiz, r.
Cidaris pilum Michelin, r.
Rabdocidaris spinosa Agassiz, sp. c. c.
Heterocidaris Dumortieri Cotteau, r.
Gonioscyphia parallela Goldf., sp. r.
Gonioscyphia cancellata Goldf., sp. r.

Fossiles de la Clapouze.

Sphenodus longidens Agassiz, r.
Belemnites Pricasensis Mayer, c.
Belemnites semihastatus Blainville, r.
Belemnites Coquandus d'Orbigny, r.

Belemnites Sauvaneausus d'Orbigny, r.
Ammonites oculatus Phillips, r. r.
Ammonites Fraasi Oppel, r.
Aptychus... à stries fines, c.
Aptychus... à stries fortes, c.
Pleurotomaria Babcauana d'Orbigny, r.
Pleurotomaria Niphe d'Orbigny, r. r.
Serpula planorbiformis m. in Goldf., c. c.
Serpula Polyphema nov. sp. r.
Serpula Delphinula Goldf., r. r.
Serpula plicatilis m. in Goldf.
Lucina basaltis nov. sp. r.
Nucula hammeri Defrance, r.
Gastrochœna Falsani nov. sp. r.
Lima Phillipsi d'Orbigny, c.
Rhynchonella corculum nov. spec. c. c.
Rhynchonella Fürstenbergensis Quenstedt, sp. c.
Rhynchonella oxyopticha Fischer, c. c.
Rhynchonella Fischeri Rouiller, r.
Rhynchonella personata de Buch, c.
Terebratula dorsoplicata Suess., c. c.
Terebratula subrugata E. Desl., c. c.
Terebratula nucleata Schlotheim, r. r.
Cidaris læviuscula Agassiz, c. c.
Cidaris filograna Agassiz, c. c.
Cidaris Cartieri Desor, r.
Cidaris pilum Michelin, r.
Rabdocidaris spinosa Agassiz, c. c.
Heterocidaris Dumortieri Cotteau, r.
Hemipedina Guerangeri Cotteau, r. r.
Pentacrinus subteres Goldf., r.
Pentacrinus cingulatus m. in Goldf., r.
Millericrinus .. strié... c.
Millericrinus... rugueux. c.
Eugeniacrinus caryophyllatus Goldf., sp.. c. c.
Eugeniacrinus nutans Gold. sp., c. c.
Eugeniacrinus fenestratus nov. sp., c. c.
Asterias impressæ Quenstedt, c. c.
Cribroscyphia texta Goldf., sp. r.
Cribroscyphia psilopora Goldf., sp. r.
Cribroscyphia inversa nov. sp. c.
Gonioscyphia parallela Goldf., sp. r.
Gonioscyphia concellata Goldf., sp. r.

Cameroscyphia marginata m. in Goldf., r.
Siphonocœlia cylindrica Goldf., sp. c.
Enaulofungia rimulosa Goldf., sp. c.

On voit du premier coup d'œil, à l'examen de ces listes, combien les espèces sont inégalement réparties dans les trois localités indiquées. Le Ravin ne fournit pour ainsi dire que des Spongitaires, la Pouza des Crinoides et des Échinides; la Clapouze, où l'on retrouve les Spongitaires, les Crinoides et les Échinides, offre de plus, en nombre considérable, des Brachiopodes, dont plusieurs espèces présentent beaucoup d'intérêt.

Les Ammonites sont si peu abondantes et si mal conservées qu'elles ne peuvent fournir que de bien faibles indications ; à peine peut-on signaler à la Clapouze l'*Am. oculatus* et l'*Am. Fraasi*, plus quelques fragments indéterminables. Il faut ajouter des Aptychus lamelleux de deux types et assez abondants. Heureusement le paquet de marnes fossilifères qui, au Ravin, surmonte de quelques mètres le gisement de nos fossiles et qui pourrait être considéré comme la portion supérieure de ce niveau, nous permet de combler cette lacune en nous offrant une dixaine d'espèces d'Ammonites bien caractérisées. (Voir page 7.)

Les Bélemnites ne sont pas rares et se montrent partout : on rencontre *Bel. Prireasensis*, *Bel. Coquandus*, *Bel. Saucancausus*, et la Bélemnite à long sillon, au rostre fortement déprimé, que Quenstedt a décrite sous le nom de *Semi-Hastatus depressus*.

Les Gastéropodes n'ont aucune importance et ne se montrent qu'accidentellement.

Les Acéphales sont en petit nombre ; on peut noter *Nucu la Hammeri*, *Lucina Basaltis*, deux *Lima* et un *Mytilus* indéterminable.

Parmi les Annélides on remarque plusieurs *Serpula*.

dont une, la *Serpula planorbiformis*, est très-répandue à la Clapouze.

Les Brachiopodes, au contraire, méritent tout à fait de fixer l'attention, quoiqu'ils ne se montrent que 'dans un seul des trois gisements, à la Clapouze; mais là on les trouve en nombre si considérable et appartenant à des types variés, que cette localité en prend une importance exceptionnelle. Les valves y sont silicifiées et souvent d'une excellente conservation; on y remarque des formes peu connues et, jusqu'à présent, aucun gisement de l'oxfordien de la même région n'a rien montré qui approche de cette richesse en Brachiopodes. M. E. Deslongchamps, à qui j'avais communiqué, il y a longtemps déjà, quelques-uns de ces fossiles, avait bien voulu les étudier et dans le *Bulletin de la Société linnéenne de Normandie* (IVᵉ vol., 1858, p. 196), il a dit quelques mots des Brachiopodes de la Clapouze, dont je n'avais pu lui fournir alors que des spécimens récoltés un peu à la hâte. Il est curieux de rencontrer dans l'Ardèche une partie des types qui se montrent dans l'oxfordien des environs de Moscou. On trouvera plus loin la description et les figures des principales espèces. Les deux autres gisements, quoique très-rapprochés, n'offrent que de très-rares individus des espèces si largement représentées à Saint-Étienne de Boulogne; toutefois les spécimens isolés que l'on y rencontre suffisent pour confirmer l'identité des dépôts. Il est à remarquer que cet immense développement de Brachiopodes coïncide, à la Clapouze, avec un développement non moins grand d'Échinides et de Crinoïdes, tandis que ces dernières familles se montrent seules à la Pouza, dans des couches cependant d'une nature tout à fait semblable.

Les Échinides, qui forment, après les Brachiopodes, la partie la plus intéressante de nos fossiles, se rencontrent dans les trois localités, cependant bien moins abondants au Ravin.

Le bon état des échantillons permet de se rendre un compte exact des espèces, qui toutes appartiennent au même niveau ; — ce sont les gisements de la Suisse, surtout celui de Birmensdorf (Argovie), où nous retrouvons les formes qui peuplent nos gisements de l'Ardèche.

Dans le même embranchement des animaux rayonnés, le groupe des Crinoides se montre fort riche lui-même sur deux des points indiqués : les *Eugeniacrinus*, les *Millericrinus* et les *Asteries* se trouvent en grand nombre, soit à la Pouza, soit à la Clapouze, tandis que les débris de *Pentacrinus* y sont beaucoup plus rares.

Les familles que nous venons d'énumérer accompagnent partout les Spongitaires qui restent encore à signaler, et qui ne composent pas la partie la moins curieuse de nos fossiles. C'est encore le Jura bernois, le canton d'Argovie et surtout Birmensdorf qui fournissent les Amorphozoaires les plus rapprochés de ceux de l'Ardèche ; le doute n'est pas possible à l'aspect des échantillons. Si, dans l'Ardèche et surtout au Ravin, les grandes espèces sont en fragments, cet inconvénient est compensé par la belle conservation des tissus et la possibilité d'étudier la face interne comme la face extérieure des murailles, qui appartiennent aux Spongiers plus ou moins cylindriques ou en forme de coupes.

Tout paraît donc se réunir pour placer la zone spéciale représentée par les fossiles du Ravin, de la Pouza et de la Clapouze, dans les dernières couches inférieures de l'oxfordien, au niveau de l'*Am. perarmatus*, enfin dans la grande zone à *Am. transversarius* d'Oppel, dont elle occuperait la partie la plus basse. — Ce serait la dernière assise du Jura brun des géologues allemands, — le spongitien d'Étallon. Enfin ce serait encore la partie inférieure du sous-groupe supérieur du Kelloway-oxfordien de M. Beaudoin.

Il y a plusieurs circonstances, cependant, qui paraissent

2

compliquer et contredire la position que je viens d'assigner à nos fossiles. Ainsi, dans toute la chaine du Jura et surtout dans la partie méridionale, les gisements de l'oxfordien présentent toujours, à leur partie inférieure, une série de marnes gris bleuâtre, de 15 à 30 mètres, remplies de petites Ammonites pyritisées, et c'est constamment au-dessus de ces marnes à petites Ammonites que l'on rencontre le calcaire à scyphies ; ce calcaire montre des couches un peu marneuses, mais formant néanmoins un ensemble très-résistant ; les bancs gris blanchâtre, grumeleux, prennent souvent un aspect scoriforme et sont remplis d'éponges de toutes les dimensions ; c'est le niveau du *Pentacrinus subteres*, du *Cidaris Copeoïdes*, et d'une foule de fossiles caractéristiques ; dans nos gisements des environs de Privas, les Spongitaires sont au contraire certainement placées au-dessous des marnes à petites Ammonites, dans les couches inférieures où ces corps ne sont jamais signalés : — ainsi, dans le tableau des zones du *braun Jura* de Quenstedt, je ne vois aucune scyphie signalée dans la zone *zeta*.

Quoiqu'il en soit, l'on peut, sans s'écarter beaucoup de la vérité, rapporter nos fossiles au spongitien inférieur, au niveau de Birmensdorf, d'Oberbuchsiten, à la partie inférieure de la zone à *Ammonites transversarius* d'Oppel. Les gisements des Vans et de Joyeuse, du même département de l'Ardèche, avec leurs nombreuses Ammonites, tout en étant à un niveau très-rapproché, me paraissent cependant devoir être placés un peu plus haut.

En septembre 1864, lorsque je reçus la visite de notre ami si regretté, le professeur A. Oppel, j'avais pu lui montrer une partie des fossiles de nos gisements que je ne connaissais alors que d'une manière bien imparfaite ; mais la station des Vans et surtout celle de Joyeuse, à cause de leur richesse en Ammonites, fixèrent davantage son attention. Malheureusement, le temps si court qu'il pouvait consacrer à visiter l'Ardèche ne lui permit pas d'étendre ses recherches aux petites localités que je lui avais indiquées ; il est très-fâcheux que cet éminent paléontologiste, familiarisé comme il l'était avec l'ensemble de la faune oxfordienne de la Suisse et de la Bavière, n'ait pas pu étudier sur place nos fossiles, qui lui auraient sans doute fourni de précieuses observations.

J'ajouterai encore qu'il est une région, bien éloignée de la France méridionale, où se trouve un niveau de l'oxfordien caractérisé par des fossiles dont l'ensemble se rapproche singulièrement de ceux de nos gisements. On trouve en effet, dans un mémoire de Zeuschner (*die Entwickelung der Juraformation im Westlichen Polen, in Zeitschrift der Deutschen geologischen Gessellschaft*, 1864, XVI. Band. s. 573), une liste de fossiles de Pologne, provenant de Sanka. Ostroviec et Wodna, qui offrent les plus grands rapports, pour les genres et les espèces, avec nos fossiles de l'Ardèche. L'horizon assigné à ces couches par Zeuschner est le Jura blanc *beta* de Quenstedt.

Lorsque je fis acheter l'ouvrage d'Oppel, *Paläontologische Mittheilungen*, terminé à la page 288, je le croyais complet, et ce n'est qu'au commencement de l'année 1870 que j'appris qu'il avait été publié un supplément en 1865 — lequel comprend *Geognostiche Studien im Ardèche département*. Les circonstances ont fait qu'il m'a été impossible, jusqu'à présent, de me procurer ce supplément qui serait si intéressant pour moi et qui m'est resté inconnu.

DÉTAILS SUR LES FOSSILES

Le groupe des Échinides, soit par l'importance des types. soit par le nombre des individus, formant la partie la plus considérable de la collection, demandait une étude sérieuse : M. G. Cotteau a bien voulu, sur ma demande, se charger de leur description. Les pages qu'il a consacrées à l'étude des Échinides de nos trois gisements de l'Ardèche suivront celles qui contiennent la description des autres fossiles. Je prie M. Cotteau d'agréer mes sincères remerciements pour sa complaisance et sa précieuse coopération.

VERTÉBRÉS

Sphenodus longidens AGASSIZ

Les dents de *Sphenodus*, que l'on rencontre quelquefois à la Pouza, sont comprimées et rebordées finement, dans toute leur longueur, par une petite gouttière, avec saillie très-coupante ; Quenstedt donne *(Handbuch der Petrefakten kunde*, pl. 13, fig. 11 et 13) des figures qui représentent bien nos échantillons.

Localités : la Pouza, la Clapouze, r.

CÉPHALOPODES

Belemnites Privasensis MAYER

Pl. III, fig. 1 à 8.

1866. Ch. Mayer. Journal de Conchyliologie, vol. XIV, p. 366.

Dimensions : longueur, 58 mill. ; diamètre dorso-ventral, 10 mill.; diamètre latéral, souvent un peu plus fort.

Je transcris la diagnose de M. Mayer.

B. Testa mediocri, clavata, linea laterali utrinque genuina, apicem attingente, canalique ventrali antico, angustissimo, humili, dimidium testæ longitudinis supe-

*rante; diametro ubique obtuse-quadrato, apice plus mi-
nusve acuminato, mucronato-spinato, centrali; alveolo
humili, centrali, angulo....?*

La section du rostre, un peu carrée, présente un élargisse-
ment notable du côté ventral ; le cone alvéolaire est, à coup
sûr, remarquablement petit, puisqu'il n'est pas apparent dans
la section, fig. 7, pl. III.

La dépression ventrale est peu marquée, les doubles lignes des flancs sont au contraire très-nettement visibles sur
toute la longueur absolument ; ces lignes ne sont pas droites
mais un peu flottantes, et certains échantillons laissent voir
un troisième sillon, moins marqué que les deux autres, sur
une partie seulement de la longueur.

Cette Bélemnite, très-répandue, non-seulement dans nos
couches inférieures à Spongitaires, mais encore dans les marnes à petites Ammonites des environs de Privas, mérite à
juste titre de fixer l'attention. — Les deux exemplaires dont
je donne le dessin proviennent du gisement de la colline
de Chaylus, près Privas, où l'on trouve les marnes placées à
quelques mètres au-dessus de notre niveau. — La forme est
absolument la même que celle des spécimens que nous fournissent nos trois gisements, et nous avons l'avantage de pouvoir observer sur ces échantillons une surface merveilleuse-
ment conservée.

On est frappé de la ressemblance de la *B. Privasensis* avec
la *B. Clavatus* si caractéristique pour la partie inférieure
du lias-moyen ; remarquons toutefois que cette dernière est
toujours de taille plus petite et que ses lignes géminées, latérales, sont bien moins visibles et plus droites.

Localités : le Ravin, la Pouza, la Clapouze, c.
M. Mayer l'indique à Clucy (Jura). Nous aurons à
noter un assez bon nombre d'espèces de cette localité
qui se retrouvent à notre niveau.

Explication des figures : Pl. III. fig. 1, *Bel. Privasensis*, de Privas (Chaylus), de grandeur naturelle; côté ventral, fig. 2et3; la même vue, par côté, fig. 4 ; coupe de la même, fig. 5 ; autre éch., même localité, côté ventral, fig. 6 ; la même, vue latérale, fig. 7 et 8 ; coupes.

Belemnites semihastatus Blainville

1827. Blainville. Mémoire sur les Bélemnites, pl. 2, fig. 5.

Le rostre, d'assez grande taille, déprimé partout, devient rond près de l'ouverture. Il est fusiforme, mais d'une manière peu marquée. Le sillon ventral, très-profond et étroit près de l'ouverture, s'élargit et disparaît à la moitié de la longueur ; ce dernier caractère éloigne nos échantillons des dessins de l'espèce que donnent les auteurs.

La figure de Quenstedt (Céphalop. pl. 29, fig. 14), sous le nom de *Semihastatus depressus*, représente parfaitement notre Bélemnite, si l'on suppose le sillon moins prolongé.

Localités : la Pouza, la Clapouze, r.

Belemnites Sauvaneausus d'Orbigny

1842. D'Orbigny. Céphalop., p. 128, pl. 21, fig. 1 à 10.

Remarquable par sa forme généralement obtuse, mais mucronée, munie d'une pointe aiguë, excentrique. Scissure très-étroite, courte et profonde du côté antérieur. Cette fente ne dépasse pas, en longueur, le point où finit le cône alvéolaire.

Cette forme est très-répandue dans les marnes inférieures à petites Ammonites, dans tout le Jura méridional.

Localités : le Ravin, la Clapouze, r.

Belemnites Coquandus d'ORBIGNY

Pl. II, fig. 21 à 26.

1842. D'Orbigny. Céphalop., p. 130, pl. 21, fig. 11 à 18.

Dimensions : longueur calculée, 70 mill. ; diamètre dorso-ventral, 10 mill. ; diamètre latéral, 13 mill.

Rostre allongé, déprimé, et fortement élargi en arrière, carré dans la région alvéolaire, terminé par une pointe aiguë et le plus ordinairement très-excentrique du côté ventral : les flancs portent un canal bien marqué : c'est un sillon largement tracé et qui se perd là où le rostre atteint sa plus grande largeur : on ne peut pas confondre cet ornement avec les deux lignes latérales de la *B. Privasensis*.

Tous mes échantillons portent , dès l'ouverture, une scissure profonde, comme celle de la *B. Sauvaneausus*, et qui finit brusquement là où le rostre commence à devenir fusiforme : d'Orbigny ne signale pas ce caractère, mais je remarque que l'échantillon dont il donne le dessin n'est pas complet.

Le rostre le plus grand que j'aie fait figurer vient des marnes à petites Ammonites. — Ces marnes de Verdus et de Chaylus, près de Privas, offrent un gisement important pour les Bélemnites, à cause de leur parfaite conservation.

D'Orbigny dit que la forme est un peu comprimée, mais tous mes échantillons sont au contraire fortement déprimés.

.Localités : le Ravin, la Clapouze, r.

EXPLICATION DES FIGURES : Pl. II, fig. 21, *Bel. Coquandus*, de Privas, du côté ventral; fig. 22, la même, vue latérale; fig. 23 et 24, coupes; fig. 25, autre exemplaire du Ravin, côté ventral: fig. 26, la même. vue latérale, de grandeur naturelle.

Belemnites Clucyensis MAYER

1866. Mayer. Journal de Conchyliologie, vol. XIV, p. 367.

Je n'ai de cette espèce que des fragments dont je ne puis pas constater l'identité d'une manière sûre.

Localité : la Pouza, r.

RHYNCHOLITES

On rencontre dans les dépôts oxfordiens de l'Ardèche et de la Provence une assez grande quantité de Rhyncholites, quelquefois même en familles si nombreuses, comme par exemple à Crussol et à Rians (Var), que ces fossiles remplissent des couches entières. — Comme dans ces mêmes couches, les Nautiles sont des plus rares, et, comme les Rhyncholites, indépendamment de leur nombre, montrent des formes variées, il me paraît presque impossible de regarder ces corps comme ayant appartenu à des Nautiles ; il reste à chercher à quel genre de Céphalopodes il faut les attribuer.

Les Rhyncholites, avec leurs formes bien définies, me paraissent présenter des caractères spécifiques que l'on n'a pas assez utilisés : — ces caractères semblent, en effet, plus solides que ceux sur lesquels on a établi les différentes espèces de Bélemnites en s'appuyant sur la forme des rostres. — Les surfaces compliquées qui rattachaient les Rhyncholites aux parties molles de l'animal traduisent certainement d'une manière régulière les détails de son organisation et peuvent servir, mieux que les rostres des Bélemnites, à devenir la base d'une classification. L'étude de ces corps mérite, à ce qu'il me semble, une étude plus approfondie que celle qu'on leur a consacrée jusqu'à présent.

Rhyncholites Cellensis, Nov. Spec.

Pl. II, fig. 12 à 15.

Dimensions : longueur, 19 mill.; largeur, 12 mill. ; épaisseur, 8 1/2 mill.

Bec robuste, peu recourbé, dont les ailes peu prolongées sont séparées du rostre par un ressaut prononcé ; la surface inférieure, qui est horizontale, est munie d'une carène médiane étroite et saillante. Les ailes sont couvertes de stries concentriques dirigées comme le contour extérieur ; le dessin que je donne, de grandeur naturelle et sous quatre aspects différents, fera mieux connaître l'espèce que la description la plus détaillée.

Localités : la Pouza, et dans les marnes à petites Ammonites qui recouvrent le gisement du Ravin.

EXPLICATION DES FIGURES : Pl. II, fig. 12 à 15, *Rhyncholites Cellensis*, échantillon des marnes supérieures du Ravin, de grandeur naturelle, vu de quatre côtés différents.

Rhyncholites cameræ, Nov. Spec.

Pl. II, fig. 16 et 17.

Dimensions : longueur, 18 mill. : largeur, 13 mill. ; épaisseur, 8 mill.

Bec plus court, plus large et construit sur un plan tout à fait différent du précédent ; la pointe se recourbe en dessous :

les ailes font la moitié de la longueur totale et sont séparées
du rostre par un ressaut à peine marqué ; la face inférieure
présente une cavité anguleuse et une petite carène médiane,
saillante à l'extrémité.

Localités : marnes du Ravin, au-dessous de la couche
à Spongitaires, r.

EXPLICATION DES FIGURES : Pl. II, fig. 16, *Rhyncholites Camerœ*, de grandeur naturelle, vu par dessous ; fig. 17, le même,
par côté.

Aptychus. . . . . .

Pl. IV, fig. 28.

On rencontre, dans les trois gisements, mais en plus grand
nombre à la Clapouze, des *Aptychus* assez bien conservés
et qui appartiennent à deux types différents.

L'un, d'une longueur de 20 à 23 mill., est orné de lamelles
fines, saillantes, régulières, au nombre de 34, dont les con-
tours suivent la forme extérieure de la coquille ; le test est
mince ; le côté rectiligne paraît toujours fortement replié en
dessous.

L'autre, à peu près de la même taille, est couvert de lamelles d'une largeur double, et par conséquent beaucoup
moins nombreuses.

Localités : le Ravin, la Pouza, la Clapouze.

EXPLICATION DES FIGURES : Pl. IV, fig. 28, *Aptychus* de la
Clapouze, à lamelles nombreuses, de grandeur naturelle.

Ammonites oculatus Phillips

1829. Phillips. Yorkshire, pl. 5, fig. 16.
1842. D'Orbigny. Pale, française, pl. 200, fig. 1 et 2.

J'ai recueilli, à la Clapouze, un bel échantillon de cette Ammonite, tout à fait semblable à la figure de d'Orbigny, pour les ornements et les proportions.

Localité : la Clapouze, r. r.

Ammonites Fraasi Oppel

1857. Oppel. Juraformation, p. 556.
1862. Oppel. Pale. Mittheilungen, p. 154, pl. 48, fig. 4, 5 et 6.

Dimensions : diamètre, 45 mill.

L'échantillon, dans une condition passable, est très-conforme à la description et aux figures d'Oppel, mais les tubercules ne se laissent pas apercevoir et les tours intérieurs sont cachés. Malgré cela la détermination me paraît sûre.

L'espèce n'a été encore signalée que dans la zone à *Ammonites athleta* de Pfullingen et de deux autres localités en Allemagne.

Localité : la Clapouze, r.

On trouve de plus, à la Clapouze et à la Pouza, quelques autres fragments d'Ammonites, mais trop mal caractérisés.

GASTÉROPODES

Pleurotomaria Babeauna D'ORBIGNY

1856. D'Orbigny. Gaster. Jurassiques, p. 562, pl. 421,
fig. 1 à 3.

Le seul échantillon de cette espèce est en mauvais état.
Je l'ai recueilli à la Clapouze.

Pleurotomaria Niphe D'ORBIGNY

1856. D'Orbigny, Gaster. Jurassiques, p. 547, pl. 415,
fig. 6 et 7.

Échantillon de la Clapouze consistant en un beau moule
intérieur de grande taille, 68 mill. L'espèce a été établie par
d'Orbigny sur des spécimens également dépourvus de leur
test, de Pizieux (Sarthe) et de Chappois (Jura).

Le gisement de la Clapouze m'a encore fourni plusieurs
échantillons de Pleurotomaires en moules intérieurs que je
n'ai pas pu déterminer.

ANNÉLIDES

Serpula planorbiformis M. in GOLDF.

1841. Goldfuss. Petrefakt., pl. 68, fig. 12.
1858. Quenstedt. der Jura, pl. 81, fig. 44,

Très-abondante à la Clapouze, sur les éponges et sur les
Brachiopodes, surtout sur la *Rhynch. Oxyoptycha*. On peut

compter quelquefois dix exemplaires de la serpule attachés sur une seule coquille.

Localité : la Clapouze, c. c.

Serpula Polyphema, Nov. Spec.

Pl. IV, fig. 30 à 32.

Testa flexuosa, rugosa, triquetra; Crista dorsali, erecta, secante, sulcis irregularibus notata, plicata, permagna; infrà nodulosa, subcanaliculata.

Dimensions : hauteur, 15 mill. ; largeur, 11 mill. ; longueur inconnue ; diamètre de l'ouverture, 6 mill.

Très-grosse serpule rugueuse, portant de larges plis onduleux qui se réunissent sur le dos pour former une crête saillante, presque coupante, mais très-inégale. La partie inférieure, chargée de plis noduleux, montre en dessous un canal médian plus ou moins profond. L'ouverture est ronde, médiocre, et placée plus près de la crête que de la base.

Il est impossible de réunir cette belle Serpule à la *S. Grandis* Goldfuss, du Bajocien, dont l'ouverture est plus grande et la crête beaucoup moins fantastique ; chez la *S. Polyphema*, la carène est tout à fait dominante, d'un aspect rude et rustique. Les fragments que j'ai sous les yeux ne montrent pas de traces d'adhérence ; comme la *S. Grandis*, la *S. Polyphema* paraît avoir eu des portions de son tube libres.

Localité : la Clapouze, r.

Explication des figures : Pl. IV, fig, 30 et 31, *Serpula Polyphema*, fragments de grandeur naturelle vus par côté et en coupe ; fig. 32, autre fragment vu par dessous.

Serpula Delphinula GOLDFUSS

1840. Goldfuss. Petrefak. pl. 67, fig. 16.
1858. Quenstedt. der Jura, pl. 81, fig. 49 à 51.

J'ai rapporté cette Serpule de la Clapouze, où elle est rare. L'échantillon est d'une conservation parfaite. La surface paraît lisse ; elle est ornée d'une très-petite carène, qui est cependant nette et régulière ; l'ouverture ronde est très-grande comparativement.

Localité : la Clapouze, r. r.

Serpula plicatilis M. in GOLDF.

1840. Goldfuss. Petrefakt. pl. 68, fig. 2

Cette espèce n'est pas très-commune, on la trouve attachée sur les Spongitaires et les Brachiopodes.

Localité : la Clapouze.

ACÉPHALES

Lucina basaltis, Nov. Spec.

Pl. II, fig. 9 et 10.

Testa suborbiculari, inflata, æquilaterali, concentrice lamelloso-rugosa, intervallis latis et æquidistantibus ; umbonibus prominulis, medianis.

Dimensions : longueur, 20 mill.; largeur, 25 mill.; épaisseur, 12 mill.

Coquille renflée, arrondie, très-régulièrement équilatérale ; crochets médians et peu saillants ; contour oval, arrondi ; les valves portent 12 à 14 lignes concentriques, bien
nettes et placées du crochet au bord palléal, à des distances
égales entre elles.

Cette Lucine a de grands rapports avec la *Lucina zonaria*
(Quenstedt), qui est loin cependant de montrer la régularité
de contour de la *Lucina basaltis*.

Localité : la Clapouze, r.

Explication des Figures : Pl. II, fig. 9 et 10, *Lucina basaltis*,
de la Clapouze, de grandeur naturelle.

Nucula Hammeri Defrance

Pl. II, fig. 7 et 8.

1825. Defrance. Diction. des sciences natur., t. XXXV.
p. 217.

Quoique la taille de mes échantillons soit plus petite, je ne
puis distinguer ce qui pourrait séparer cette Nucule de la
Nucula Hammeri de l'oolithe inférieure. Je fais figurer un
exemplaire bien conservé.

Localités : la Pouza, la Clapouze, r.

Explication des Figures : Pl. II, fig. 7 et 8, *Nucula Hammeri*, de la Clapouze, de grandeur naturelle.

Gastrochæna Falsani, Nov. Spec.

Pl. IV, fig. 29.

*Testa ovato-oblonga, lævigata, concentrice subplicata,
latere anali dilatato, latere buccali rotundato ; ad apicem unisulcata.*

Dimensions : longueur, 3 mill. 1/2 ; largeur, 5 mill. 1/2.

Petite coquille ovale transverse, tout à fait inéquilatérale, couverte de plis concentriques, irréguliers, à peine visibles ; largement arrondie du côté anal, plus étroite du côté buccal. Le sommet est divisé par un sinus marqué, qui descend jusqu'au milieu de la coquille ; le moule du tube, qui est fort grand par rapport à la taille de la coquille, est régulier et peu rétréci à la base.

Localité : la Clapouze, r.

EXPLICATION DES FIGURES : Pl. IV, fig. 29, tube et coquille en place du *Gastrochœna Falsani*, grossi deux fois.

Lima Phillipsi D'ORBIGNY

1845. D'Orbigny. In Murchison, de Vern. et de Keys, t. II, p. 478, pl. 42, fig. 8.

Cette *Lima*, du groupe des *Punctata*, se trouve à la Clapouze, mal conservée et en spécimens qui dépassent 50 mill.

L'espèce a été établie par d'Orbigny sur des échantillons de l'oxfordien de Petschora.

Localité : la Clapouze, r.

Lima. . . . . . . Nov. Spec.

Pl. II, fig. 11.

Cette belle *Lima*, assez commune à la Pouza, n'offre pas d'exemplaires assez complets pour permettre une description rigoureuse. Je l'ai toujours trouvée engagée dans la marne durcie par sa surface extérieure, ne laissant voir que l'intérieur des valves, ce qui ne peut être suffisant pour caractériser une espèce.

Voici les détails que je puis noter : longueur, 55 mill.; largeur, 45 mill.; forme ovale, peu oblique; valves ornées de 15 à 16 côtes rayonnantes, lamelleuses, arrondies, séparées par des intervalles de même valeur ; l'intérieur des valves est fortement costulé et laisse voir les stries concentriques qui devaient couvrir la face extérieure. C'est la coquille bivalve la plus importante de notre niveau.

Localité : la Pouza, c.

ExPLICATION DES FIGURES : Pl. II, fig. 11, *Lima*, vue intérieure d'une valve de la Pouza, de grandeur naturelle.

BRACHIOPODES

Rhynchonella oxyoptycha FISCHER, Spec.

Pl. I, fig. 21 à 25.

1843. Fischer. *Terebratula oxyoptycha*, Bulletin de Moscou, vol. XVI, p. 20, pl. 4, fig. 10 à 14.
1845. D'Orbigny. In Murch. et de Vern. Russie, pl. 42, fig. 9 et 10.
1850. D'Orbigny. Prodrome, Étage 13, n° 467.

Dimensions : longueur, 22 mill.; largeur, 24 mill.; épaisseur, 15 mill.

Cette Rhynchonelle est un des fossiles les plus importants du gisement de la Clapouze, par le nombre prodigieux qu'il en fournit : malheureusement le plus grand nombre est brisé et déformé.

On peut distinguer deux formes extrêmes, l'une élargie et l'autre allongée ; mais on ne peut pas séparer ces variétés qui se rattachent à la forme ordinaire par des passages évidents.

3.

Le deltidium en deux pièces est très-visible ; l'ouverture n'est pas ronde, mais un peu comprimée ; les plis, au nombre de 14, sont toujours arrondis, jamais aigus. Quand le test est bien conservé, on distingue des lignes d'accroissement concentriques. Comme on le verra par les figures, la *Rh. oxyoptycha* n'est pas toujours parfaitement symétrique ; on y observe des irrégularités soit dans la forme des valves, soit dans la position des plis adventifs. C'est d'ailleurs un type bien rapproché de la *Rh. lacunosa*.

Localités : la Clapouze, c. c.; la Pouza, r.

EXPLICATION DES FIGURES : Pl. I, fig. 21 à 25, *Rhynchonella oxyopticha*, de la Clapouze, de grandeur naturelle. Le même exemplaire est représenté dans différentes positions.

Rhynchonella corculum Nov. Spec.

Pl. I, fig. 8 à 13.

Testa parva, cordato-trigona, semi-globosa, tenuissime sulcata, nusquam plicata, valvis pariter inflatis ; margine palleali subrecto : valva superiore basinversus obsolete sinuatim deflexa ; umbone recto, acuto.

Dimensions : longueur, 15 mil. ; largeur, 14 mil. ; épaisseur 8 mil.

Coquille petite, globuleuse, cordiforme, un peu plus longue que large ; les deux valves également renflées sont recouvertes partout de lignes rayonnantes très-fines et régulières, dont le nombre augmente en s'éloignant du sommet ; on en compte, en moyenne, 5 sur la largeur d'un millimètre. La coquille est entièrement dépourvue de plis et paraît régulièrement bombée, sans autre inflexion qu'un indice de sinus faiblement marqué, à la base de la valve perforée.

Le crochet est étroit et peu recourbé, mais saillant et très-aigu ; l'ouverture ovale est petite, entourée d'un bourrelet saillant et vient au contact de la petite valve, deltidium distinct.

Les côtés descendent du sommet en ligne droite, formant un angle de 72°, les deux angles à la base sont arrondis , la région frontale presque rectiligne. On remarque souvent deux ou trois lignes d'accroissement, plus ou moins saillantes, lignes qui manquent tout à fait sur d'autres exemplaires. La commissure des valves est en ligne droite. Les petits plis se rejoignent au bord frontal en s'engrenant d'une manière fort élégante. La taille et la forme générale paraissent subir peu de variations.

La coquille est remarquablement équivalve, mais pas équilatérale ; on remarque presque toujours que l'angle arrondi, au front du côté gauche, est un peu plus développé que l'autre.

Cette jolie Rhynchonelle est très-abondante et toujours en très-beaux échantillons à la Clapouze. Elle y est silicifiée et tellement dure qu'il est presque impossible de l'entamer avec les limes les plus acérées.

Localités : la Clapouze, c. c.; la Pouza, r. r.

EXPLICATION DES FIGURES : Pl. I, fig. 8 à 11, *Rhynchonella corculum*, de la Clapouze, de grandeur naturelle ; fig. 12 et 13, la même grossie deux fois.

Rhynchonella Füsrtenbergensis QUENSTEDT, Spec.

Pl. I, fig. 14 à 20.

1858. Quenstedt. *Terebratula Fürstenbergensis.* Der Jura, p. 496, pl. 66, fig. 26 et 27.
1868. Quenstedt. Brachiopod. p. 98, pl. 38, fig. 117 à 124.

Dimensions : longueur et largeur, 11 mill. ; épaisseur, 7 mill. et demi.

Petite coquille renflée, cordiforme, ornée sur chaque valve de 14 à 17 plis arrondis, séparés par des sillons arrondis de même amplitude ; ces plis prennent naissance à l'extrémité du crochet et se dichotomisent d'une manière irrégulière, et non toujours symétrique ; ils sont plus petits et plus rapprochés sur les côtés.

L'angle apical est de 80° environ ; quelques lignes d'accroissement se font voir sur les bords et sont marquées surtout sur les flancs ; les deux valves sont également renflées et se rejoignent en ligne droite ; le crochet très-aigu n'est pas recourbé, ni saillant ; l'ouverture petite, ovale, vient toucher la valve non perforée.

Le caractère le plus curieux de cette petite Rhynchonelle est d'être couverte de stries rayonnantes superficielles, régulières et très-fines, dont on peut compter 10 à 11 entre chaque pli. Ce caractère paraît avoir échappé à Quenstedt, omission qui s'explique aisément par l'impossibilité de le constater sur des échantillons dont la conservation n'est pas parfaite ; ces lignes n'appartiennent qu'à l'épiderme et sont presque toujours effacées ; elles rappellent, en petit, celles qui couvrent les côtes de l'*Ammonites Boucaultianus* et de quelques autres Ammonites du lias inférieur.

L'angle apical, la forme et les rapports d'épaisseur varient beaucoup ; la description se rapporte à la variété la plus commune. La *Rhynchonella Fürstenbergensis* se montre quelquefois presque cylindrique, comme le font voir les figures 19, 20 ; d'autres fois elle est triangulaire et comprimée, mais il est impossible de séparer ces formes extrêmes, parce que l'on y retrouve toujours les caractères principaux et surtout les fines lignes rayonnantes. Il ne faut pas confondre ces lignes, sans aucune saillie, avec les lignes qui, comme dans la *Rh. personata*, par exemple, sont imprimées plus fortement et sont de véritables petits sillons burinés en creux.

La *Rh. minuta* (Buvignier), de Montreuil-Bellay, me paraît singulièrement rapprochée de la *Rh. Fürstenbergensis*, mais je n'ai pas pu y reconnaître les fines stries. — Les échantillons de Montreuil-Bellay sont généralement plus arrondis à la base et moins renflés que ceux de l'Ardèche.

Localité : la Clapouze, c. Les échantillons sont abondants, mais souvent mutilés.

EXPLICATION DES FIGURES : Pl. I, fig 14 et 15, *Rhynchonella Fürstenbergensis*, de grandeur naturelle, de la Clapouze ; fig. 16 et 17, la même grossie ; fig. 18, un morceau de la surface fortement grossi ; fig. 19 et 20, exemplaire renflé et cylindrique de la même localité.

Rhynchonella Fischeri ROUILLER

Pl. I, fig. 26 à 28.

1847. Rouiller. Bulletin de Moscou, t. XXII, n° 1, tabl. J.

1857. Oppel. *Rhynchonella Orbignyana*, die Juraformation : Jahreshefte des Ver. f. Väterl. Nat. in Würtemberg, XIII° vol., p. 279.

Dimensions : longueur et largeur, 18 mill. ; épaisseur, 13 mill.

Rhynchonelle de taille moyenne, peu abondante. Bien séparée de la *Rh. oxyoptycha*. Comme pour un assez bon nombre de fossiles de notre niveau, on la signale en Russie, à Clucy (Jura) et à Montreuil-Bellay.

Localité : la Clapouze, r.

EXPLICATION DES FIGURES : Pl. I, fig. 26, 27 et 28, *Rhinchonella Fischeri*, de la Clapouze, de grandeur naturelle.

Rhynchonella personata, V. Buch. Spec.

Pl. 1, fig. 1 à 7.

1840. V. Buch. *Terebratula personata* Beiträge zur Bes-
       timmung der Gebirgsformationen in Russland,
       p. 88.

Dimensions : longueur, 18 mill. ; largeur, 20 mill. ; épaisseur, 10 mill.

L'angle cardinal est plus grand qu'un angle droit ; les
arrêtes cardinales se prolongent en ligne droite, jusqu'au
tiers de la longueur ; la valve perforée, moins épaisse que
l'autre, se renfle près du crochet et se creuse brusquement à
la moitié de la longueur, pour former un sinus qui porte,
près du bord palléal seulement, des plis assez forts et non
coupants, dont le nombre varie de 1 à 3.

Le crochet aigu, peu recourbé, laisse voir une ouverture
ovale de moyenne grandeur, un peu rebordée, qui vient presque toucher la petite valve ; deltidium en deux pièces.

La petite valve, plus renflée que l'autre, porte sur son lobe
saillant 2 à 4 plis qui, comme ceux de la valve perforée, ne se
montrent que sur le bord ; de chaque côté du lobe, on compte
3 plis arrondis, marqués seulement près du bord, et dont le
plus extrême est à peine indiqué.

Les lignes d'accroissement sont nombreuses, surtout près
des bords et marquées jusque dans l'aréa un peu concave qui
se voit sous le crochet, de chaque côté ; les deux valves sont
de plus couvertes partout de petits sillons rayonnants, irréguliers, fins, serrés, visibles cependant à l'œil nu, et qui aug-
mentent en nombre à mesure que la coquille grandit ; ces
lignes caractéristiques ne manquent jamais.

Cette remarquable Rhynchonelle parait se rapporter parfaitement à la *Terebratula personata*, décrite en 1840, par de Buch, des bords de l'Okka, où elle accompagne des Ammonites de l'oxfordien. La seule différence, très-peu importante du reste, consiste dans le nombre des plis latéraux qui, pour la Rynchonelle de Russie, vont à 4 ou 5 de chaque côté, tandis que pour celle de l'Ardèche, on en compte généralement que 3. J'ai cependant rencontré un spécimen qui en a 4.

Dans le bel ouvrage de MM. Murchison, de Verneuil et de Keyserling, intitulé *Géologie de la Russie*, d'Orbigny donne sous le nom de *Ter. personata* (de Buch, pl. 42, fig. 18 à 21), la figure d'une Rhynchonelle qui me paraît être tout autre que celle décrite par l'illustre géologue prussien ; la forme de la valve perforée est moins renflée, les plis plus fortement marqués ; enfin les fines stries rayonnantes y manquent. M. de Keyserling (*Petschora Land*, page 293) cite encore la *Rh. personata*, en s'appuyant sur la figure de d'Orbigny ; mais la Rhynchonelle qu'il nomme ainsi ne peut pas non plus être réunie à l'espèce de de Buch. Il faut remarquer que les localités citées par d'Orbigny et de Keyserling, quoique situées en Russie, ne sont pas les mêmes que celles indiquées par de Buch. — Aussi, nous tenant à la description de ce dernier, qui donne le vrai type de la *Rh. personata*, sommes-nous autorisés à exclure de la synonymie l'espèce de d'Orbigny et celle de Keyserling. La *Rhynchonella* de l'Escrinet est au contraire très-conforme à la diagnose de de Buch.

Le trait caractéristique de la *Rh. personata* est d'être entièrement dépourvue de plis, sur plus de la moitié de sa longueur et de porter des sillons, ou fines lignes rayonnantes visibles jusque sur l'extrême bord des valves. Comme le mémoire de 1840 de de Buch est assez rare, je donne ici sa description, en traduisant rigoureusement.

Après avoir comparé la *Terebratula varians*, de Buch dit :

« La *Terebratula* de l'Okka, au contraire, ne montre ses plis que sur le bord, et leur présence n'est indiquée sur les flancs que par une légère dépression. L'angle cardinal est ordinairement un peu plus grand qu'un angle droit. Les arêtes cardinales sont deux fois aussi longues que les arêtes latérales ; la valve ventrale (non perforée) s'élève rapidement au sommet, par une courbe hémisphérique, puis doucement jusqu'au bord, dont l'arête ne s'abaisse point ; plus de la moitié de la coquille reste sans plis, avec des lignes d'accroissement fines et serrées et des stries longitudinales aussi fines *(und einer eben so feinen Längenstreifung);* les plis commencent près du bord ; il y en a 4 plus marqués sur le bourrelet et le sinus, 4 ou 5 sur les côtés où, toutefois, avant d'arriver au bord, ils deviennent tout à fait effacés. »

Notre savant collègue, M. de Verneuil, qui possède la Rhynchonelle de Russie, décrite par d'Orbigny sous le nom de *Rh. personata,* a bien voulu, sur ma demande, examiner ses échantillons, et voici la réponse qu'il m'a fait l'honneur de m'adresser :

« Je viens de regarder, à la loupe, les échantillons que je possède, de la *terebratula personata* (d'Orbigny), et qui existent dans ma collection russe ; ce sont bien ceux qu'a décrits d'Orbigny, et il n'y a pas de traces de ces fines stries longitudinales dont parle M. de Buch. »

Si l'on compare notre Rhynchonelle à la *Rh. furcillata* du lias, on remarque que les petites lignes nombreuses qui descendent du crochet, chez cette dernière, se terminent toutes bien avant d'arriver à la périphérie, tandis que, chez la *Rh. personata,* ces lignes continuent sur toute la surface : d'ailleurs elles y sont plus fines, plus irrégulières et n'offrent pas le même aspect.

Il serait plus facile de confondre la *Rh. personata* avec la

Rh. Bouchardi (Davidson), si cette dernière porte des lignes
rayonnantes. Il en est de même pour la *Rh. acutiloba* de
M. E. Deslongchamps ; cette Rhynchonelle, de Montreuil-
Bellay, est très-rapprochée de la nôtre, pour la forme générale, mais, malgré son excellente conservation, elle ne laisse
voir aucune trace de lignes longitudinales.

La *Rh. personata* se rapproche davantage encore d'une
Rhynchonelle du calcaire blanc de Vils en Tyrol, la *Rh.
solitaria* (Oppel : *in Jahreshefte des Vereins für vater-
ländische Naturkunde in Würtemberg*, 17e année, 1861,
p. 165, pl. 3, fig. 2).

Ici la forme et les ornements paraissent bien s'accorder
avec nos échantillons ; malheureusement, le seul exemplaire
trouvé par Oppel semble être dans un état de conservation
qui laisse à désirer. Ces calcaires de Vils occupent bien le
même horizon que nos couches de la Clapouze, de plus, le
rapprochement entre les *Rhynchonella personata* et *solitaria* n'est pas un fait isolé dans la comparaison des faunes
fossiles des deux localités, et je crois qu'il faudrait réunir la
Terebratula Vilsensis (Oppel, pl. 11, fig. 1) à la *Terebratula
bivallata* (E. Deslonchamps, *Bulletin de la Société Linn.
de Normandie*, 4 vol., 1859, p. 200, pl. 2, fig. 1 et 2). Il
faut remarquer que la forme plus allongée de la *Ter. bivallata* n'est pas constante, qu'elle est souvent très-rapprochée
de celle de la *Ter. Vilsensis*, car j'ai des échantillons de
l'Ardèche et de Vils qui pourraient se superposer ; d'ailleurs
la taille est la même de part et d'autre ; enfin, le gisement
donné par M. Deslongchamps (minerai de fer de la Voulte)
devrait être indiqué plutôt (oxfordien inférieur près de la
maison Viau), c'est-à-dire à quelques pas des gisements du
Ravin et de la Pouza. Enfin, je dois ajouter que j'ai des exemplaires de la *Ter. bivallata*, de Saint-Brès, très-semblables
à ceux du Tyrol ; or, j'ai déjà expliqué que ce gisement de

Saint-Brès est certainement l'équivalent de nos trois gisements de l'Ardèche.

Le gisement de la Clapouze est le seul où l'on trouve la *Rh. personata;* elle n'y est pas rare, mais la plus grande partie des échantillons sont mutilés ; les spécimens non déformés sont peu communs.

J'ai recueilli dans le minerai de fer de Veyras (près de Privas) un exemplaire de grande taille, de la *Rh. personata.*

Localité : la Clapouze, c.

EXPLICATION DES FIGURES : Pl. I. fig. 1 et 2, *Rhynchonella personata*, de la Clapouze, de grandeur naturelle ; fig. 3, autre exemplaire ; fig. 4, la même, grossie ; fig. 5, 6 et 7, autre exemplaire, de grandeur naturelle, avec un seul pli dans le sinus, aussi de la Clapouze.

Terebratula dorsoplicata SUESS.

1855. E. Deslongchamps. Bull. Soc. Linn. de Normandie.
 p. 97.
1856. E. Deslongchamps. Mém. Soc. Linn. de Normandie.
 t. XI, pl. I et II.
1857. Oppel. Die Juraformation, Jahreshfte d. Vereins,
 etc., XIII' vol., p. 272.

Cette Térébratule, extrêmement abondante à la Clapouze, ne montre pas là une forme aussi régulière que dans les couches du callovien , où elle se rencontre plus habituellement ; la taille varie beaucoup aussi.

Localité : la Clapouze, c. c.

Terebratula Subrugata É. Deslongchamps

Pl. II, fig. 1 à 6.

1859. E. Deslongchamps. Bullet. Soc. Linn. de Normandie, IVᵉ vol., pl. 2, fig. 7.

Cette remarquable espèce, de la section des *Waldheimia*,
se trouve en assez grand nombre à la Clapouze, mais rare-
ment sans déformations.

Les échantillons que j'ai pu réunir, depuis mes premières
recherches, m'ont permis d'observer que la forme de la coquille, assez variable, s'élargit quelquefois beaucoup et perd
en épaisseur, mais le faciès caractéristique reste le même ;
les lignes rugueuses concentriques persistent, ainsi que le
contour un peu pentagonal.

Je dois ajouter que le deltidium en deux pièces est très-
apparent sur certains exemplaires ainsi que la fine ponctua-
tion du test, mais ces détails ne sont pas toujours visibles ; la
coquille est toujours complétement silicifiée.

Localités : la Clapouze, c.; la Pouza, r.

EXPLICATION DES FIGURES : Pl. II, fig. 1 et 2, *Terebratula
subrugata*, de la Clapouze, de grandeur naturelle ; fig. 3 et 4,
autre exemplaire, forme extrème ; fig. 5 et 6, autre jeune de
grandeur naturelle, toujours de la Clapouze.

Terebratula nucleata Schlotheim, Spec.

1820. Schlotheim. Die Petrefactenkunde, *Terebratulites
nucleatus*, p. 281.
1858. Quenstedt. der Jura, p. 638, pl. 79, fig. 12 à 16.

Ce n'est pas sans surprise que j'ai pu recueillir à la Clapouze deux exemplaires de la *T. nucleata*, qui se rencontre

ordinairement à un niveau plus élevé. Les échantillons sont
bien réguliers, et l'un d'eux atteint la taille de 17 mill.

Localité : la Clapouze, r.

Terebratella loricata SCHLOTEIM, Spec.

1820. Schlotheim. Die Petrefantenkunde, *Terebratulites*
    loricatus, p. 270.
1858. Quenstedt. Der Jura, pl. 78, fig. 27 à 29.

Dimensions : longueur, 8 mill. ; largeur, 7 1/2 mill.

Cette petite Terebratelle est à peine indiquée par ses fragments dans le gisement du Ravin, mais il y a deux circonstances qui viennent témoigner qu'elle appartient certainement
à notre niveau. Premièrement, elle se trouve en beaux exemplaires, bien caractérisés, dans les marnes à *Am. macrocephalus* qui recouvrent le gisement même du Ravin, marnes
qu'il faudra probablement regarder comme inséparables de
l'horizon de nos trois gisements ; de plus, la *Terebratella
loricata* se montre en nombre considérable dans la localité
du Gard (Saint-Brès) dont j'ai déjà dit quelques mots, localité
qui présente une faune identique à celle de nos trois gisements de l'Ardèche : elle est là de la même taille que dans
les marnes du Ravin.

Je remarque que la longueur surpasse toujours un peu la
largeur de la coquille ; la grandeur du foramen, la rudesse
de l'ornementation et la profondeur du sillon qui, dans la
valve perforée, remonte jusqu'à l'extrémité du crochet, ca-
ractérisent bien cette petite Terebratelle.

Localités : le Ravin, r. ; les marnes au-dessus, c.

ÉCHINIDES

On trouvera la description des Échinides, par M. G. Cotteau, à la fin de ce mémoire.

Voir p. 19.

CRINOIDES

Pentacrinus subteres GOLDFUSS

1833. Goldfuss. *Pentacrinites subteres,* Petrefacta, pl. 53, fig. 5.

Cette Pentacrine, si généralement répandue dans les couches plus élevées de l'oxfordien, est très-rare à notre niveau. — Les tiges que l'on y rencontre sont rondes et de grande taille.

Localités : le Ravin ; la Pouza ; la Clapouze, r.

Pentacrinus cingulatus M. in GOLDFUSS

1833. Goldfuss. *Pentacrinites cingulatus,* Petrefacta, pl. 53, fig. 1.

Espèce bien caractérisée, mais rare à la Clapouze.

Pentacrinus pentagonalis GOLDFUSS

Pl. V, fig. 1 à 3.

1833. Goldfuss. *Pentacrinites pentagonalis,* Petrefacta, pl.
53, fig. 2.
1858. Quenstedt. Der Jura, pl. 68, fig. 34 et 35.

Cette jolie petite espèce, que je regarde comme très-distincte, est citée par d'Orbigny à Nantua, à Clucy, au Streitberg.

La ligne de contact des articles, dans les tiges, est toujours plus ou moins en saillie ; sauf ce caractère, qui est constant pour mes échantillons, l'aspect en est assez variable ; tantôt c'est une colonne lisse, presque ronde, tantôt les angles sont indiqués sur la tranche de chaque article par un petit point saillant.

Les figures de Goldfuss n'indiquent pas la saillie des lignes de contact ; les surfaces articulaires des digitations me paraissent aussi trop petites, relativement, sur les figures qu'il donne de cette espèce.

Localité : la Pouza, r.

EXPLICATION DES FIGURES : Pl. 5, fig. 1, tige de *Pentacrinus pentagonalis,* de la Pouza, grossie 3 fois : fig. 2 et 3, autre fragment, du même gisement, grossi 3 fois.

Millericrinus . . . . . Spec.

Pl. V, fig. 4, 5 et 6.

Articles et fragments de tiges rondes, couverts sur les surfaces articulaires de stries rayonnantes, avec un canal central, d'une assez forte dimension.

Le diamètre varie de 2 à 12 mill. ; la hauteur des disques est aussi très-irrégulière, et l'on peut dire qu'elle est en rapport inverse avec les diamètres ; ainsi j'ai sous les yeux un article de 10 mill. de diamètre, qui n'a pas plus de 2 mill. d'épaisseur, et un autre qui, pour un diamètre de 6 mill., mesure une épaisseur de 3 mill. Les lignes rayonnantes sont fortement dichotomes, en approchant de la circonférence. Les tiges ou réunions d'articles sont très-lisses extérieurement, et les sutures peu marquées.

Localités : la Clapouze ; la Pouza, c.

EXPLICATION DES FIGURES : Pl. V, fig. 4, 5 et 6, articles de *Millericrinus*, à stries rayonnantes, de la Clapouze, de grandeur naturelle.

Millericrinus. . . . . Spec.

Pl. V, fig. 7 à 11.

Autre espèce, de même taille, à peu près, que la précédente, mais les surfaces articulaires sont couvertes d'aspérités irrégulières. On remarque encore, pour cette espèce, beaucoup d'irrégularité dans les proportions entre l'épaisseur et le diamètre des articles.

Localités : la Pouza, c. c. ; la Clapouze, c.

EXPLICATION DES FIGURES : Pl. V, fig, 7 à 11, *Millericrinus*, de la Pouza, fragments de tiges, de grandeur naturelle, vus par côtés et par dessus.

Eugeniacrinus caryophyllatus GOLDF., Spec.

Pl. V, fig. 12 et 13.

1833. Goldfuss. *Eugeniacrinites caryophyllatus*, Petrefacta,
    pl. 50, fig. 3.
1858. Quenstedt. Der Jura, pl. 80, fig. 48 à 61.

Ce Crinoïde, qui se rencontre en nombre immense à la
Clapouze, atteint ordinairement la taille de 8 mill. en hauteur
et en largeur ; le calice est en forme de cône renversé, profond et strié verticalement à l'intérieur ; la face articulaire
inférieure n'offre qu'un groupe de petits mamelons irréguliers
et une assez grande perforation centrale ; le détail des surfaces articulaires des bras est fidèlement représenté dans ma
figure.

Il me semble que les figures de l'atlas de Goldfuss ne donnent pas la forme générale de cette espèce aussi bien que la
figure de Miller *(Eugen. quinquangularis)* ou celle de Par-
kinson (IIe vol., pl. XIII, fig. 79, *a clove formed body)*. On
peut même dire qu'aucune des figures données par les divers
auteurs ne s'accorde, pour les détails, avec nos échantillons :
peut-être faudrait-il voir dans l'*Eugeniacrinus* figuré sur
ma planche V, fig. 12 et 13, une espèce particulière.

L'*Eugeniacrinus caryophyllatus* est très-abondant à
Bayreuth, Schaffouse, le Randen, Lochen. D'Orbigny le si-
gnale à Saint-Maixent et à Niort ; il est très-commun à
Saint-Brès.

Localités : la Clapouze, c. c. ; la Pouza, c. ; le Ravin.

EXPLICATION DES FIGURES : Pl. 5, fig. 12, *Eugeniacrinus caryo-
phyltatus*, calice de la Pouza, grossi deux fois ; fig. 13, le même,
vu par dessous.

Eugeniacrinus nutans, GOLDF., Spec.

1833. Goldfuss. *Eugeniacrinites nutans*, Petrefacta, pl. 50, fig. 4.
1858. Quenstedt, Der Jura, pl. 80, fig. 62 à 67.

Petite espèce très-abondante, un peu moins cependant que la précédente ; elle est facilement reconnaissable à l'inégalité des lobes qui forment le calice ; celui-ci étant posé obliquement sur la tige, il en résulte que les pièces qui le forment sont notablement plus épaisses d'un côté que de l'autre. Les calices paraissent fortement excavés, aussi bien en dessus qu'en dessous.

Localités : la Pouza, c. c. ; la Clapouze, c.

Eugeniacrinus fenestratus, Nov. Spec.

Pl. V, fig. 14 à 16.

Dimension des calices : longueur, 8 mill. ; de la base seule, 3 mill. ; diamètre, 5 1/2 mill.

Calices à base conique tronquée, excavés en dessous, avec rebord arrondi, un peu pentagonal. Les 5 pièces radiales qui forment le calice portent une empreinte de la surface articulaire des bras, et de chaque côté une longue pointe qui s'élève verticalement, en diminuant un peu de volume ; chacune de ces pointes se joint à la pointe de la pièce radiale suivante, et forme avec elle un prolongement solide, à section triangulaire, et qui laisse voir extérieurement la ligne de jonction des deux pièces sur toute la longueur des pointes. — Il résulte de cette configuration que le calice représente une petite tourelle portant, au-dessus de sa base, alternativement

4

5 échancrures et 5 parties solides prolongées, formant comme de hautes fenêtres.

Les lacunes entre les pointes portent l'emprei::te d'une petite surface articulaire, mais je n'ai jamais pu observer les bras en place. Cette curieuse petite espèce diffère de toutes les autres, par le prolongement vertical de ses pièces radiales, formant ainsi cinq pointes rigides, un peu renversées en dehors, et qui ne pouvaient avoir aucune mobilité.

On la trouve en nombre considérable à la Clapouze. Elle est abondante aussi au vallon de Simianne, près de Rians (Var); je l'ai reconnue dans la belle collection de l'oxfordien de cette localité que l'on voit dans le cabinet des Frères Maristes, à Saint-Genis-Laval (Rhône).

Localités : la Clapouze, c. c. ; la Pouza, r.

EXPLICATION DES FIGURES : Pl. V, fig. 14, *Eugeniacrinus fenestratus*, calice de la Clapouze, grossi deux fois; fig. 15, le même, vu par dessous; fig. 16, autre, vu par dessus, même grossissement.

Asterias impressæ QUENSTEDT

Pl. V, fig. 17 à 22.

1852. Quenstedt. Handb. d. Petrefaktenkunde, p. 594, pl. 51, fig. 4 à 12.
1858. Quenstedt. Der Jura, pl. 73, fig. 60 à 80.

Les formes de cette astérie, que nos gisements fournisse.it, me paraissent s'accorder avec les figures de Quenstedt; on y remarque cependant quelques différences, surtout pour les articulations ; les figures que je donne de quelques pièces, feront mieux ressortir ces différences que toutes les descrip·· tions.

Ce fossile a une certaine importance à cause du nombre considérable de débris qu'il fournit.

Localités : la Pouza, la Clapouze, c. c.

EXPLICATION DES FIGURES : Pl. V, fig. 17 et 18, Osselet de la Pouza, de grandeur naturelle ; fig, 19, plaque centrale, de la Pouza, grossie deux fois ; fig, 20, la même, vue par côté ; fig. 21. autre plaque, grossie deux fois ; fig. 22. la même. par côté.

AMORPHOZOAIRES

Les Spongitaires jouent un rôle considérable parmi les fossiles de notre niveau et se font remarquer, soit par la variété des espèces, soit par la belle conservation des détails. Quand j'eus reconnu l'importance de ces corps dans nos gisements, il ne me restait plus le temps nécessaire pour pouvoir les soumettre à l'examen de notre collègue, M. de Fromentel, et le prier de les décrire. Je n'ai pas fait une étude assez spéciale de ce difficile embranchement pour en donner une description satisfaisante, mais j'ai fait figurer les espèces principales, pour suppléer à ce que le texte peut avoir d'insuffisant.

Cnemiseudea rotula GOLDF., Spec.

Pl. V, fig. 23.

1828. Goldfuss. *Cnemidium rotula*, Petrefacta, pl. 6, fig. 6.

Spongier globuliforme, déprimé, de 10 à 20 mill. de diamètre. Les gros échantillons laissent seuls voir une petite excavation centrale, d'où partent un grand nombre de petites vallées irrégulièrement rayonnantes. Le Spongier est quelquefois empâté par sa base, sur la muraille d'une autre espèce.

Localité : le Ravin, c.

Cnemiseudea suberea, Nov. Spec.

Pl. V, fig. 30 et 31.

Fragments qui paraissent appartenir à un Spongier en forme de coupe cylindrique ; la muraille n'a pas plus de 4 mill. d'épaisseur. Les ornements consistent en petites collines, excessivement rugueuses, de 2 mill. environ de largeur; qui sont disposées verticalement, d'une manière irrégulière, et s'anastomosent sans aucun ordre ; l'aspect de la surface rappelle fort bien les inégalités naturelles du liége. Le côté intérieur de la muraille est la reproduction affaiblie des ornements extérieurs. Il n'est pas possible de discerner, sur la tranche, les oscules perforants, et par conséquent d'affirmer le genre.

Localité : le Ravin, c.

Eudea Buchi GOLDF., Spec.

Pl. VI, fig. 1.

1828 Goldfuss. *Scyphia Buchi*, Petrefacta, pl. 32, fig. 5.

Spongier assez gros, conique, avec tubulure centrale, dont les ornements extérieurs se rapportent bien au dessin de Goldfuss; mais la grosseur des exemplaires du Streitberg, d'après le fragment qui figure dans l'atlas de Goldfuss, est beaucoup plus considérable que celle des nôtres, dont la longueur ne dépasse pas 50 à 60 mill.

Localité : le Ravin, c.

EXPLICATION DES FIGURES: Pl. IV, fig. 1, *Eudea Buchi*, du Ravin, de grandeur naturelle.

Epeudea prægnans, Nov. Spec.

Pl. VI, fig. 2.

Petit Spongier subcylindrique, de 30 mill. de longueur, fortement renflé au milieu de sa longueur, recouvert partout d'une épithèque compacte. Des oscules, très-irréguliers de forme et très-irrégulièrement disposés, se montrent sur toute la surface. Les bords de ces oscules sont saillants, ils paraissent comme une déchirure, environnée d'un bourrelet rugueux; je ne puis voir, sur mon échantillon, aucune trace de tubule.

Localité : le Ravin, r. r.

EXPLICATION DES FIGURES: Pl. VI, fig. 2, *Epeudea prægnans*, du Ravin, de grandeur naturelle.

Siphonocælia cylindrica GOLDF., Spec.

Pl. VI, fig. 3 et 4.

1828. Goldfuss. *Scyphia cylindrica*, Petrefacta, pl. 2, fig. 3.

Spongier en forme de cylindre irrégulier et dont la surface est finement vermiculée.

Localité : la Clapouze, c.

EXPLICATION DES FIGURES : Pl. VI, fig. 3, *Siphonocælica cylindrica*, de grandeur naturelle, de la Clapouze; fig. 4, portion de la surface, grossie 6 fois.

Elasmoierea palmicea, Nov. Spec.

Pl. VI, fig. 7, 8 et 9.

Fragments de 25 à 30 mill. de longueur. Spongier en rameaux arborescents, imitant un végétal dont la tige se développerait en lamelles comprimées. La partie inférieure donne naissance à 4 ou 5 branches qui s'élèvent en formant l'éventail, sous un angle très-aigu, sans qu'on puisse y reconnaître ni renflement ni irrégularité. La compression générale pourrait résulter d'une déformation, car on aperçoit, sur la section inférieure, que le Spongier avait un vide dans son intérieur, la couleur plus claire de la partie centrale semble l'indiquer.

Les spicules qui composent le Spongier s'allongent parallèlement, sans déviation. On ne voit aucune trace d'épithèque ni d'oscules ; en examinant la surface, à l'aide d'un fort grossissement, on croit reconnaître de petits trabicules qui relient horizontalement les spicules, quoique ceux-ci soient très-rapprochés les uns des autres.

Ce Spongitaire, dont le genre est peu sûr, n'a pas d'analogie avec les espèces déjà figurées et mériterait peut-être de former un genre à part.

Localité : le Ravin, r.

EXPLICATION DES FIGURES : Pl. VI, fig. 7, *Elasmoierea palmicea*, du Ravin, de grandeur naturelle; fig. 8, autre fragment de la même provenance; fig. 9, le même, vu par côté.

Cribroscyphia inversa, Nov. Spec.

Pl. VI, fig. 10 et 11.

Fragments qui dénotent un Spongier cylindrique ou cupuliforme, de grande taille; la muraille a 8 à 9 mill. d'épaisseur; la surface extérieure est rugeuse, garnie d'oscules de petites dimensions et des plus irréguliers; la surface intérieure, ou concave, montre au contraire de grands oscules (4. mill.) profondément marqués et séparés par un réseau rugueux et saillant; ces grands oscules, assez rapprochés et réguliers dans leur forme arrondie, sont distribués d'une manière régulière sur la surface, qui paraît couverte ainsi de grosses mailles dont les bords sont pleins d'aspérités. Les échantillons présentent tous le même caractère et le même contraste dans les ornements des deux surfaces. La paroi extérieure montre beaucoup de ressemblance avec la *Cribroscyphia Baugieri* (de Fromentel), la *Cribrospongia* (d'Orbigny), mais la circonstance des ornements intérieurs de la cupule, avec de très-grands oscules, ne permet pas de réunir les deux espèces.

Localités : la Clapouze, c.; le Ravin, c. c.

EXPLICATION DES FIGURES : Pl. VI. fig. 10, *Cribroscyphia inversa*. fragment du Ravin, de grandeur naturelle, côté extérieur: fig. 11, le même, vu du côté intérieur.

Cribroscyphia texta GOLDF., Spec.

Pl. VI, fig. 5 et 6.

1829. Goldfuss. *Scyphia texta*, Petrefacta, pl. 32, fig. 4.
1829. Goldfuss. *Scyphia Decheni*, Petrefacta, pl. 65, fig. 6.

Spongier cylindrique, de taille moyenne, à très-grand tubule ; oscules irréguliers, rugueux, profonds, variant de 1 à 3 mill. de diamètre.

Localités : le Ravin, c. ; la Clapouze, r.

EXPLICATION DES FIGURES : Pl. VI, fig. 5, *Cribroscyphia texta*, de la Clapouze, de grandeur naturelle ; fig. 6, portion de la surface grossie.

Cribroscyphia psilopora GOLDF., Spec.

Pl. VI, fig. 12.

1828. Goldfuss, *Scyphia psilopora*, Petrefacta, pl. 3, fig. 4.

Fragment de spongier cylindrique, dont la surface extérieure est très-semblable à la figure que donne Goldfuss.

La muraille, qui a une épaisseur de 5 mill., présente, sur la tranche d'une section verticale, un arrangement des spicules qui paraît bien différent de celui indiqué par l'ornementation extérieure ; on y voit en effet des lignes verticales, croisées par des trabicules d'importance égale, le tout formant un tissu à petites mailles carrées et régulières. J'ai fait dessiner une petite portion de la tranche verticale, avec grossissement. Quant à la surface extérieure de la muraille, je ne puis mieux faire que de renvoyer à l'excellente figure de l'atlas de Gold-

fuss. Les échantillons de la Clapouze offrent une conservation parfaite.

Localités : la Clapouze, le Ravin, r.

EXPLICATION DES FIGURES : Pl. VI, fig. 2, *Cribroscyphia psilopora*, vue prise sur la tranche verticale de la muraille, avec
un grossissement de 3 diamètres.

Gonioscyphia cancellata GOLDF., Spec.

1828. Goldfuss, *Scyphia cancellata*, Petrefacta, pl. 33, fig. 1.

Débris de muraille d'une épaisseur qui varie de 3 à 6 mill.
Les ornements, qui sont les mêmes pour les deux côtés, l'extérieur et l'intérieur de la coupe, consistent en rangées d'oscules disposés symétriquement à angles droits, à une distance
toujours la même ; les oscules ont un diamètre qui varie de
1 à 1 1/2 mill. Leur forme est arrondie ; le reste de la surface
est couvert de petites cellules irrégulières, formant un réseau
fin et sans aspérités ; l'ensemble de ces ornements est fort
élégant et paraît rester toujours le même, quelque soit le diamètre de la coupe à laquelle le fragment observé appartient.
Les oscules traversent toute l'épaisseur de la muraille, ce que
l'on peut observer sur la tranche de plusieurs fragments.

La *Gonioscyphia cancellata* se trouve dans les trois gisements, mais elle est surtout abondante au Ravin et d'une
très-belle conservation.

Localités : le Ravin, c. c. ; la Pouza, la Clapouse, r.

Gonioscyphia dichotomans, Nov. Spec.

Pl. VI, fig. 13 et 14.

Ce Spongitaire a des rapports avec l'espèce précédente, mais les oscules sont bien plus petits, plus réguliers, d'une forme carrée un peu comprimée ; ils sont limités par un fin réseau de petits pores disposés sur des lignes saillantes, sans aspérités, croisées par d'autres lignes horizontales, le tout formant un tissu très-élégant, dont les mailles ont à peu près 1 mill. de largeur et un peu plus en hauteur. Ces rangées d'oscules s'anastomosent souvent, comme l'indique la fig. 13. La muraille, qui porte les mêmes ornements sur ses deux faces, est très-mince et solide en même temps, son épaisseur va de 2 à 4 mill.

Goldfuss a figuré, pl. 33. fig. 6, une Scyphie de Bayreuth, sous le nom de *Scyphia Schweiggeri*, qui a beaucoup de ressemblance avec la *Gonioscyphia dichotomans*, mais en comparant le dessin grossi de la surface qu'il donne, avec celui de ma pl. VI, fig. 14, on remarquera combien, dans notre espèce, les lignes ou murailles qui séparent les oscules sont plus étroites et forment des compartiments plus franchement carrés.

D'après la courbure des fragments, le Spongier devait avoir une forme générale en coupe évasée très-large, malgré la très-petite épaisseur des murailles.

Un examen attentif de mes échantillons me permet de remarquer que la disposition des ornements, sur la partie intérieure de la muraille, se rapproche beaucoup de celle de la figure donnée par Gollfuss ; cette circonstance me laisse des doutes sur la légitimité de mon espèce. Malheureusement

Goldfuss n'indique pas sur quelle face de la muraille il a pris son grossissement.

Localités : le Ravin, c. c. ; la Pouza, la Clapouze, r.

EXPLICATION DES FIGURES : Pl. VI, fig. 13, *Gonioscyphia dichotomans*, fragment du Ravin, de grandeur naturelle, côté extérieur de la muraille ; fig. 14, portion de la surface, grossie 6 fois.

Cameroscyphia marginata, M. in GOLDF., Spec.

Pl. V, fig. 24 à 29.

1829. Goldfuss. *Manon marginatum*, Petrefacta, pl. 34, fig. 9.

Les Spongiers, que je range dans le genre *Cameroscyphia* de Fromentel, ne présentent pas tous la forme de deux cônes opposés par la base ; le plus gros, comme le dessin l'indique, n'est pas entier et montre, dans son ensemble, une forme bien moins anguleuse que celle donnée par M. de Fromentel comme type du genre.

Quoiqu'il en soit, on reconnaît bien, dans nos échantillons, le *Manon marginatum* du Streitberg ; le sommet présente une ouverture étroite, saillante, et toute la surface est couverte d'une épithèque très-épaisse, très-lisse, qui laisse voir, par transparence, les spicules entre-croisées d'une manière bizarre. L'on croirait voir des caractères arabes ou chinois placés sous une vitre. L'épithèque, qui forme le rebord saillant de l'ouverture, laisse voir sur sa tranche supérieure des vacuoles irrégulières, qui indiquent que cette enveloppe est formée de deux parois comprenant une certaine épaisseur.

Quand la couche superficielle et comme vitreuse de l'épithèque a disparu, les spicules entre-croisées paraissent à nu et présentent encore cependant une surface lisse, laissant quelques petits vides dans les entre-croisements. Je donne un dessin grossi des deux états de la surface.

Localité : la Clapouze, r.

EXPLICATION DES FIGURES : Pl. V, fig. 24, *Cameroscyphia marginata*, de la Clapouze, vue par dessus, de grandeur naturelle ; fig. 25, la même, vue de côté ; fig. 26, portion de la couche vitreuse superficielle, grossie 3 fois; fig. 27, portion de surface, grossie, quand la couche vitreuse a disparu ; fig. 28 et 29, autre spécimen, aussi de la Clapouze, de grandeur naturelle.

Porostoma multiforis, Nov. Spec.

Pl. VI, fig. 15 et 16.

Spongier en lamelles d'une épaisseur de 5 mill., environ, très-compactes, irrégulièrement planes ; la surface extérieure, très-finement chagrinée, est criblée de petits oscules arrondis, à rebords irréguliers, saillants : ces oscules sont distribués d'une manière sporadique. L'autre face des fragments faiblement mamelonnée, ne laisse apercevoir aucun ornement.

Localité : le Ravin, r.

EXPLICATION DES FIGURES : Pl. VI, fig. 15, *Porostoma multiforis,* fragment du Ravin, de grandeur naturelle; fig. 16, portion de la surface, grossie 4 fois.

Cupulochonia patella GOLDF., Spec.

1829. Goldfuss. *Tragos patella,* Petrefacta, pl. 35, fig. 2.

Petit Spongier en forme de coupe irrégulière, à bords non réfléchis, ondulés. La surface supérieure, mal conservée, paraît cependant avoir été pourvue d'une épithèque.

La section inférieure du pédoncule, qui porte la petite coupe, laisse voir des spicules, en lignes rayonnantes, croisées régulièrement par d'autres spicules, combinaison qui produit un treillis fin, à mailles carrées ; les échantillons, d'une conservation médiocre, sont d'une taille qui n'approche pas de celle des spécimens figurés par Goldfuss.

Localité : le Ravin, c.

Enaulofungia rimulosa GOLDF., Spec.

Pl. VI. fig. 17, 18.

1829. Goldfuss. *Cnemidium rimulosum*, Petrefacta. Pl. 6, fig. 4.

Spongier compact, irrégulièrement bosselé et arrondi, cratériforme, de 30 mill. de diamètre sur 18 mill. d'épaisseur Les bords sont largement arrondis ; le centre déprimé présente un tubule bien défini, rond, de 3 mill. de diamètre, d'où rayonnent un grand nombre de petites vallées sinueuses, fortement marquées sur les bords du tubule, mais qui s'affaiblissent en s'en éloignant.

L'échantillon du Ravin, dont je donne le dessin, parce que les détails sont assez nets, est un peu déformé. J'ai plusieurs spécimens de la Clapouze, dont la forme générale est en plus régulière, mais où les ornements sont oblitérés en partie.

Localités : le Ravin, r. ; la Clapouze, c.

EXPLICATION DES FIGURES : Pl. VI, fig. 17, *Enaulofungia rimulosa*, du Ravin, vue par dessus, de grandeur naturelle; fig. 18, autre spécimen de la Clapouze, vu par côté.

Je joins ici la description de deux fossiles, de la même région, qui me paraissent remarquables : sans appartenir au niveau spécial, qui fait l'objet de cette note, ils se montrent dans des couches de l'oxfordien de l'Ardèche très-rapprochées verticalement de ce niveau.

Ammonites Rhodanicus, Nov. Spec.

Pl. III, fig. 9 et 10.

A. testa discoidea, compressa; anfractibus 5, compressis, subinvolutis, denseplicatis; plicis regularibus, ad umbilicum valve notatis, in medio ubique bifurcatis, ad ambitum præstantibus; apertura compressa, subovata.

Dimensions : diamètre, 120 mill. ; largeur du dernier tour, 37 0/0 ; épaisseur, 13 0/0, largeur de l'ombilic, 26 0/0.

Coquille de taille moyenne, fortement comprimée ; les tours presque plans sont ornés de 80 côtes régulières, marquées nettement depuis l'ombilic, et dirigées un peu en avant, avec une très-faible courbure ; arrivées un peu plus loin que le milieu du tour, ces côtes se bifurquent et donnent chacune naissance à deux côtes très-régulières, qui passent sur le contour extérieur, sans s'atténuer ; les tours ont un peu plus de la moitié de leur largeur recouverte par le tour suivant.

La bifurcation des côtes se fait sans aucune apparence de tubercules ; la proportion des tours est telle que les côtes simples, contre l'ombilic, paraissent tout à fait égales aux côtes en nombre double qui ornent la partie extérieure de l'ammonite ; il résulte de cette disposition une régularité d'aspect caractéristique. L'ouverture a la forme d'une ellipse allongée, parce que les tours descendent dans l'ombilic en décrivant le même angle arrondi qu'ils suivent pour former le contour extérieur.

Le dernier tour laisse apercevoir un sillon un peu plus large que les autres, qui interrompt d'une manière évidente, quoique peu marquée, la série si régulière des plis.

Ce bel échantillon a été recueilli dans un calcaire fin, compact, couleur gris de fumée clair, au-dessous des carrières exploitées entre Châteaubourg et Cornas (Ardèche), précisément en face de l'embouchure de l'Isère dans le Rhône. Dans la même couche j'ai recueilli l'*Am. Lothari* (Oppel), cependant ces calcaires sont, à coup sûr, bien au-dessous des couches à *Am. tenuilobatus*.

L'*Ammonites Rhodanicus* est importante à signaler, parce que je l'ai retrouvée à Chaylus, près de Privas, où elle est associée à la *Belemnites Coquandus* et *Bel. Privasensis*. Je l'ai rencontrée également dans les calcaires de Trept (Isère), qui appartiennent sans conteste à la zone de l'*Am. transversarius*.

Par une erreur du dessinateur, les côtes sur la fig. 9 de la pl. III, sont indiquées trop peu nombreuses, sur la dernière portion du dernier tour, depuis le point marqué x. Sur une distance qui comprend 7 côtes dans le dessin, il faut, en réalité, en compter 9 sur le côté extérieur du contour.

Localité : Châteaubourg (Ardèche).

EXPLICATION DES FIGURES : Pl. III, fig. 9, *Ammonites Rhodanicus*, de Châteaubourg ; fig. 10, la même, du côté de la bouche, de grandeur naturelle.

Posidonomya Dalmasi, Nov. Spec.

Pl. II, fig. 18, 19 et 20.

Testa suborbiculari, inæquilatera, subobliqua, infra umbonem sulcis concentrice notata, ad mediam testæ partem striarum interstitiis latioribus, lineis radiantibus interruptis implicatisque adornata; umbonibus aculis, anticis.

Coquille d'une forme ronde, un peu oblique, dont la longueur atteint jusqu'à 25 mill. Forme peu renflée; ornée de sillons concentriques rapprochés et réguliers à partir du sommet; à la moitié de la longueur, ces sillons deviennent plus espacés, plus profonds et les plis arrondis qu'ils forment sont couverts de petites collines rayonnantes, irrégulières, confuses, qui ne se correspondent pas d'un sillon à l'autre, il en résulte une surface fort élégante dans son irrégularité : ce genre d'ornements continue jusqu'au bord inférieur, mais s'efface sur les côtés de la coquille, où les plis concentriques sont simples, non modifiés et bien marqués.

Ce n'est pas sans étonnement que l'on compare cette Posidonomie de l'Ardèche à la *Posidonomia Claræ (Clarai Emmerich)*, si abondante dans le terrain triasique des Alpes Vénitiennes : la taille, la forme, les ornements se ressemblent beaucoup ; je n'ai malheureusement pas d'échantillons de la *Posidonomia Claræ* pour pouvoir les comparer. M. de Hauer (*Ueber die vom H. W. Fuchs, in den Venetianer Alpen gesammelten Fossilien*) donne plusieurs dessins de la *Posidonomia Claræ;* l'ensemble des figures représente assez bien notre coquille. Cependant les lignes rayonnantes n'y sont pas interrompues comme chez la *Pos. Dalmasi*.

La *Pos. Dalmasi* se trouve très-souvent associée à la *Pos.*

Ornati (Quenstedt), qui est plus petite, plus transverse, et ne porte que des sillons concentriques réguliers ; on la rencontre dans les premières couches, gris foncé jaunâtre, qui sont placées immédiatement au dessus des calcaires gris et durs qui font partie du Bajocien supérieur. Si l'on quitte Privas, par la route de Chomérac, dès que l'on a passé le beau pont neuf de l'Ouvèze, en se dirigeant sur Couz, on est sur les couches à *Pos. Dalmasi*. Le point le plus favorable, pour recueillir de bons échantillons, est sur la route, un kilomètre avant le village de Couz, au point dit Toléac ou la Calade des trois chemins. On en trouve également dans la plaine du lac, direction de Chomérac. L'on ne voit nulle part le callovien ressortir dessous les couches à Posidonomies. Il me paraît que le niveau de la *Pos. Dalmasi* doit se rapporter aux couches 14 de ma coupe générale et se trouve par conséquent au-dessous des fossiles décrits en détail dans cette note. De nouvelles recherches feront nécessairement connaître d'autres gisements qui permettront, par la relation des couches, de se former une opinion moins vague sur le niveau réel de notre Posidonomie.

Localités : environs de Privas, plaine du Lac, Couz, Toléac, c. c.

EXPLICATION DES FIGURES : Pl. II, fig. 18, *Posidonomya Dalmasi* de Toléac ; fig. 19, autre du chemin de Chomérac ; fig. 20, autre, bivalve de Toléac ; toutes ces figures de grandeur naturelle.

Le dessinateur a manqué ces trois figures, qui ne représentent que d'une manière confuse et effacée les ornements de nos échantillons.

DESCRIPTION
DES ÉCHINIDES
DE
L'OXFORDIEN INFÉRIEUR DE L'ARDÈCHE
DES GISEMENTS
DU RAVIN, DE LA POUZA ET DE LA CLAPOUZE
PAR
M. G. COTTEAU

GENRE CIDARIS
KLEIN. 1734

1. Cidaris læviuscula AGASSIZ.

Pl. IV, fig. 1 à 5.

1840. Agassiz, *Cidaris læviuscula;* Échinod. suisses, II, p. 64, pl. XXI, a. fig. 18-20.

1848. Agassiz et Desor. *Cidaris elegans* (Var.), Catalogue raisonné, p. 28.

1856. Desor. *Cidaris læviuscula*, Synop. Éch. fossi., p. 8.

1856. Desor. *Cidaris lavigata*, id., p. 10.

1856. Pictet. *Cidaris læviuscula*, Traité de Paléontologie, 2ᵉ édit., t. IV, p. 254.

1858. Quenstedt. *Cidarites læviusculus*, der Jura, p. 644, pl. 79, fig. 62.

1862. Dujardin et Hupé. *Cidaris læviuscula*, Hist. nat. des zoophites. Échinod., p. 475.

1863. Cartier. *Cidaris læviuscula*, Der Jura bei Oberbuchsitten (Verhand. d. natur. Gesell. von Basel), t. III, p. 53.

1864. Waagen. *Cidaris læviuscula*, der Jura in Franken, etc., p. 199.

1864. Waagen. *Cidaris lævigata*, id.

1866. Oppel. *Cidaris læviuscula*, Zone des Am. transversarius (Geogn. geolog. Beiträge), t. I, p. 298.

1867. Mœsch. *Cidaris filograna*, Der Aargauer Jura, p. 136 et 171.

1867. Moesch. *Cidaris oculata* (non Agassiz), id. p. 137.

1867. Greppin. *Cidaris læviuscula*, Essai géolog. sur le Jura suisse, p. 62.

1869. Desor et de Loriol. *Cidaris læviuscula*, Échinologie helvétique, p. 18, pl. II, fig. 15 à 17.

Espèce de taille moyenne, circulaire, également déprimée en dessus et en dessous. Zones porifères subflexueuses, à peine déprimées, composées de pores ovales, rapprochés les uns des autres, séparés par un petit renflement tubuliforme et saillant. Les plaques porifères sont bordées d'un léger bourrelet. Aires ambulacraires étroites, subonduleuses, présentant seulement deux rangées de granules serrés. Dans les échantillons les plus gros ces deux rangées s'écartent un peu vers l'ambitus, et laissent entre elles un espace intermédiaire déprimé, presque lisse et montrant çà et là quelques petites verrues. Tubercules interambulacraires médiocrement développés, fortement crénelés et perforés, au nombre de cinq ou six par série. Scrobicules circulaires ou subelliptiques, déprimés, entourés d'un cercle complet et saillant de granules serrés, mais presque toujours distincts et visiblement mamelonnés. Zone miliaire assez large, presque lisse, dans les individus jeunes, offrant, chez les plus gros, des granules inégaux, irréguliers, toujours peu abondants et éloignés de la suture. Péristome subpentagonal, un peu moins grand que la place occupée par l'appareil apicial.

Hauteur, 14 mill. ; diamètre, 25 mill.

RAPPORTS ET DIFFÉRENCES. — Le *Cidaris læviuscula* offre quelques rapports avec le *Cidaris elegans ;* il s'en distingue

par ses aires ambulacraires garnies de deux rangées de granules, laissant entre elles un espace moins large et moins lisse,
par ses scrobicules plus serrés et entourés de granules plus
distincts. Le petit nombre des granules miliaires donne, au
premier aspect, au *Cid.læviuscula*, une certaine ressemblance
avec le *Cid. sublævis* de l'étage Bathonien de la Sarthe ; mais
cette dernière espèce sera toujours parfaitement reconnaissable à ses granules ambulacraires moins nombreux, moins
serrés, plus inégaux, plus irrégulièrement disposés et à ses
tubercules interambulacraires beaucoup plus espacés.

Localités : la Pouza, r. ; la Clapouze, c.

Cette jolie espèce n'avait pas encore été signalée en France ;
elle est abondante en Suisse. MM. Desor et de Loriol l'indiquent à Birmensdorf, Kreisacker, Ueken, Gansingen, Wes-
semberg (Argovie) ; à Langenbruck et Oberbuchsitten (Soleure), au Locle (Neufchâtel), à Sainte-Croix (Vaud), à Bour-
rignon (Jura bernois), dans les couches de Birmensdorf, étage
oxfordien ; à Randen et à Brugg (Argovie), dans l'étage
corallien, à Baden (Argovie), dans l'étage séquanien [1].

EXPLICATION DES FIGURES : Pl. IV, fig. 1, *Cidaris læviuscula*,
de la Clapouze, vu de côté, de grandeur naturelle ; fig. 2, face
inférieure ; fig. 3, face supérieure ; fig. 4, plaque interambulacraire du même, grossie ; fig. 5, aire ambulacraire, grossie.

2. Cidaris Filograna AGASSIZ

Pl. IV, fig. 6 à 9.

1840. Agassiz. *Cidaris filograna ;* Catal. Éctyp., Muse. Neo-
com., p. 10.

[1] Suivant M. Hébert, les couches de Baden ne feraient point partie du terrain jurassique supérieur, mais appartiendraient encore à l'étage oxfordien.

1840. Agassiz. *Cidaris filograna*, Échin. suisses, II, p. 77, pl. XXI, a fig. 11.

1846. Agassiz et Desor. *Id.*, Catal. raison. des Échin., p. 29.

1850. D'Orbigny. Prodrome, t. I, p. 380, 13ᵉ étage.

1856. Desor. *Id.*, Synopsis des Échin. fossiles, p. 24, pl. III, fig. 12, a. b.

1856. Raugier et Sauzé. Études géol. sur les tranchées du chemin de fer de Poitiers à la Rochelle, p. 51.

1858. Oppel. die Juraformation, p. 689.

1858. Quenstedt. *Cidarites filogranus*, der Jura, p. 645, pl. 79, fig. 59, 60.

1863. Cartier. *Cidaris filograna*, der Jura bei Oberbuch-sitten (Verh. der Natur. Gessels. von Basel, t. III, p. 53).

1864. Zeuschner. *Id.*, Die Juraformation in Polen (Zeits-chrift der Deutschen geol. Gessels., vol. 16, p. 576, 578).

1864. Waagen. *Id.*, der Jura in Franken, etc., p. 157-162 et passim.

1864. Bonjour. *Id.*, Catal. des fossiles du Jura, p. 36.

1865. Ogérien. *Id.*, Histoire nat. du Jura, t. 1, p. 675.

1866. Schauroth. *Id.*, Verzeichniss der Petref, der Cobur. Sammlung, p. 141.

1866. Oppel. *Id.*, Ueber die Zone des Am. transversarius (Geogn. geol. Beiträge, t. 1, p. 298).

1867. Moesch : *Cidaris filograna* (pars) der Aargauer Jura, p. 136, 171, 189.

1869. Desor et de Loriol. *Id.*, Échinol. helvétique, p. 20, pl. III, fig. 1 à 3.

Radiole de taille assez grande, allongé, claviforme, augmentant régulièrement depuis le col jusqu'au sommet qui est obtus, arrondi, quelquefois subtronqué. Tige partout recouverte de granules fins, homogènes, subépineux, légèrement comprimés, assez espacés, unis par un petit filet et disposés en séries longitudinales très-régulières, uniformément espacées, et qui se transforment quelquefois aux approches du sommet en carènes plus ou moins lisses, et convergent toutes vers la convexité terminale où elles se réunissent. L'inter-

valle qui sépare les rangées de granules est marqué de
stries fines et longitudinales. Le bas de la tige est relativement très-resserré et les séries de granules se prolongent,
en s'atténuant, jusqu'à la collerette qui est courte et visiblement striée. Bouton peu développé; anneau saillant, plus
fortement strié que la collerette; facette articulaire crénelée.

Longueur du radiole, 43 mill.; largeur vers le sommet,
12 mill.

Associés aux radioles du *Cid. filograna* se rencontrent
d'autres radioles, beaucoup plus petits et moins épais, sub-
fusiformes et très-acuminés au sommet; leur forme bien distincte m'avait engagé d'abord à en faire une espèce particulière et que je considérais comme une nouvelle, mais, en les
étudiant à la loupe, j'ai reconnu que ces radioles présentaient
dans la nature et la disposition des granules qui recouvrent
la tige, dans la structure de la collerette et du bouton, une
analogie très-grande avec les radioles du *Cid. filograna*,
et provisoirement j'ai cru devoir les réunir : la différence
de forme provient sans doute de la place que ces radioles
occupaient sur le test.

RAPPORTS ET DIFFÉRENCES : Les radioles du *Cidaris filograna* seront toujours reconnaissables à leur forme clavelée,
dans les plus gros exemplaires, à leur tige garnie de granules
délicats, unis par un filet, disposés en séries très-régulières,
à leur collerette courte, mais striée et bien distincte.

Ces radioles se rapprochent un peu de ceux du *Cidaris
florigemma;* ils s'en distinguent, non-seulement par leur
forme, mais surtout par leurs granules plus fins, plus comprimés, par leur collerette plus distincte, par leur bouton
plus développé. M. Moesch a cru devoir réunir les radioles

du *Cidaris filograna* au *Cidaris lœviuscula*, se fondant sur
ce que les radioles, que nous venons de décrire, se montrent
toujours associés au test de cette dernière espèce. Je crois
effectivement qu'il est bien possible que ces deux espèces
soient la même ; cependant il m'a paru, comme à M. de Loriol [1], qu'il était plus prudent, avant de se prononcer définiti-
vement sur ce rapprochement, d'attendre qu'on ait rencontré
un test avec quelques-uns de ses radioles attachés.

Localités : le Ravin, r.; la Pouza et la Clapouze, très-
abondants.

Cette espèce a été rencontrée en France à Saint-Maixent et
à Nantua ; elle est beaucoup plus fréquente en Suisse, et
M. Desor la signale à Birmensdorf, Kreisacker, Thalheim (Argovie), à Clos-du-Doubs, Graitery (Jura bernois), Sainte-
Croix (Vaud), dans les couches de Birmensdorf, étage oxfordien, — à Randen, Lägern, Baden (Argovie), dans l'étage
séquanien.

EXPLICATION DES FIGURES : Pl. IV, fig. 6, radiole de *Cidaris
filograna*, de la Clapouze, de grandeur naturelle; fig. 7, facette
articulaire grossie; fig. 8, autre radiole, même espèce de grand.
nat.; fig. 9, portion grossie de la tige, fig. 8.

3. Cidaris Cartieri DESOR

Pl. IV, fig. 10 et 11.

1857. Desor. *Cidaris Cartieri*, Synopsis des Échin., fos-
    siles, p. 437.
1858. Oppel. *Id.*, die Juraformation, p. 681.
1863. Cartier. *Id.*, der Jura bei Oberbuchsitten (Verhandl.
    nat. Gessels. von Basel, t. III, p. 53).

---

[1] *Echinologie helvétique*, p. 22.

1866. Oppel. Ueber die zone des Am. transversarius (Geol. Beitr.), p. 298.
1867. Moesch. *Id.*, der Aargauer Jura, p. 137.
1869. Desor et de Loriol. *Id.*, Échinol. helvétique, p. 34, pl. 5, fig. 2.

Radiole peu épais, allongé, subcylindrique, garni de carènes longitudinales tranchantes, plus ou moins espacées, portant des épines plus ou moins acérées, subcomprimés, relativement très-écartées les unes des autres. La surface du radiole, ainsi que l'a observé M. de Loriol, paraît lisse, mais en réalité elle est recouverte de stries fines, serrées, longitudinales, visibles seulement avec un fort grossissement. La collerette, le bouton et l'extrémité de la tige sont encore inconnus.

Dimensions : hauteur inconnue ; largeur, 2 mill.

RAPPORTS ET DIFFÉRENCES. — Cette espèce, par sa forme allongée, rappelle le radiole du *Cid. Blumenbachi ;* elle en diffère par ses carènes moins nombreuses, munies d'épines plus grosses, moins comprimées et beaucoup plus espacées.

Localités : la Pouza, r. r.; le Ravin, la Clapouze, r.

En Suisse cette espèce a été rencontrée à Oberbuchsitten, dans le canton de Soleure, à Birmensdorf, Ueken, et Kreisacker (Argovie), dans les couches de Birmensdorf.

EXPLICATION DES FIGURES : Pl. IV, fig. 10, fragment de radiole du *Cidaris Cartieri* du Ravin, de grandeur naturelle; fig. 11, le même grossi.

4. Cidaris Schloenbachi MOESCH

Pl. IV, fig. 12 et 13.

1867. Moesch. *Cidaris Schloenbachi*, der Aargauer Jura, p. 317, pl. VII, fig. 8.

1869. Desor et de Loriol, *Échinologie helvétique*, p. 35,
pl. IV, fig. 20 a 21.

Radiole cylindrique allongé, garni de côtes longitudinales
peu saillantes, subonduleuses, inégales, épineuses, et en outre,
sur toute la surface, de stries longitudinales fines, régulières,
légèrement granuleuses ; le bas de la tige est allongé, un peu
étranglé, dépourvu de côtes épineuses et recouvert seulement
de stries qui se prolongent sans interruption jusqu'au bouton.
Collerette nulle. Bouton peu développé ; anneau saillant, strié.
Facette articulaire fortement crénelée.

Dimensions : longueur inconnue ; largeur, 3 1/2 mill.

RAPPORTS ET DIFFÉRENCES. — Cette jolie espèce de radioles
se distingue très-nettement de ses congénères par ses côtes
atténuées, subonduleuses, légèrement épineuses ; par ses stries
fines et serrées ; par l'absence de collerette et le peu de développement du bouton. Nous ne connaissons de cette espèce
qu'un seul fragment, mais il se rapporte très-exactement au
radiole décrit et figuré par MM. Desor et de Loriol, et je
n'éprouve aucune incertitude sur son identité spécifique.

Localité : la Pouza, r. r.

MM. Desor et de Loriol signalent cette espèce en Suisse, à
Birmensdorf ; elle y est également très-rare.

EXPLICATION DES FIGURES : Pl. IV, fig. 12, radiole du *Cidaris
Schloenbachi*, de la Pouza, de grandeur naturelle, non entier;
fig. 13, le même, grossi.

5. Cidaris Pilum Michelin

Pl. IV, fig. 14 à 18.

1862. Michelin in Cotteau. Paléontol. Française, Terrains
crétacés, t. VII, p. 213, pl. 1046, fig. 1 à 11.

Radiole de taille moyenne, allongé, claviforme, à sommet
sphérique et arrondi, garni de granules abondants, serrés,
homogènes, d'autant plus apparents qu'ils se rapprochent de
la partie supérieure de la tige, le plus souvent épars, affec-
tant quelquefois une disposition linéaire, notamment vers la
base, en se rapprochant du bouton. L'espace intermédiaire
entre les granules est finement chagriné. Collerette non limitée, presque nulle. Bouton très-court; anneau un peu
aplati, facette articulaire non crènelée.

Dimensions : longueur, 12 à 16 mill. ; longueur du sommet,
5 à 6 mill.

RAPPORTS ET DIFFÉRENCES. — Dans la paléontologie française, d'après les indications qui accompagnaient les exemplaires de la collection Michelin, j'ai décrit et figuré cette
espèce comme appartenant au Néocomien moyen, de Comps
(Var). Suivant M. Dieulafait, le néocomien repose, dans cette
localité, sur les couches oxfordiennes, remarquables par leur
couleur noirâtre et leur texture souvent chloritée, et il est
très-probable que les radioles que j'avais considérés comme
crétacés proviennent des couches oxfordiennes; je le croirais
d'autant plus volontiers qu'ils sont identiques, sauf quelques
légères différences dans la taille, à ceux que M. Dumortier a
recueillis dans l'étage oxfordien de l'Ardèche.

Les radioles du *Cidaris pilum* rappellent certaines variétés à tiges clavelées, des radioles du *Cid. clavigera*, mais

elles s'en distinguent par la tige plus grêle, par les granules plus serrés, plus abondants, disposés en séries plus irrégulières, et augmentant sensiblement de volume, au sommet de la tige.

Localités : le Ravin, la Pouza, la Clapouze, r.

Cette jolie espèce n'a pas encore été signalée en Suisse; nous la connaissons seulement de Comps (Var), où elle n'est pas très-rare.

Il faut ajouter encore Saint-Brès, près de Saint-Ambroix (Gard); ce gisement, semblable en tout aux gisements de l'Ardèche, fournit des exemplaires du *Cidaris pilum* de grande taille et d'une belle conservation.

EXPLICATION DES FIGURES : Pl. IV, fig. 14, radiole du *Cidaris pilum*, du Ravin, de grandeur naturelle; fig. 15, le même vu par dessus; fig. 16, autre radiole de la Clapouze; fig. 17, facette articulaire du même, grossie; fig. 18, le même radiole grossi trois fois,

GE NRE RABDOCIDARIS

DESOR, 1858

6. Rabdocidaris Spinosa AGASSIZ, Spec.

Pl. IV, fig. 19 à 23.

1840. Agassiz. *Cidaris spinosa*. Échin. fossiles de la Suisse, II, p. 71, pl. XXI, a, fig. 1 (non Münster, non Cotteau).

1847. Agassiz et Desor. *Id.*, Catal. rais. des Échrinodermes, p. 30.

1856. Desor. *Id.*, Synops. des Échin. foss., p. 26, pl. III, fig. 2.

1856. Wright. *Id.*, Monogr. of the British., foss. Échinod. p. 53, pl. XII, fig. 4 (Mem. palaeont. Society).

1858, Quenstedt. *Id.*, pars, der Jura, p. 642, pl. 79, fig. 53.

1864. Zeuschner. *Id.*, Juraform. in Polen, Zeitschrift, d. D. Geol. Gesell., vol. XVI, p. 578.

1864. Waagen. Die Juraformation in Franken, p. 162-199.

1867. Moesch. Der Aargauer Jura, p. 137.

1869. Desor et de Loriol. Échinol. helvétique, p. 31, pl. IV, fig. 15 à 19.

1869. Desor et de Loriol. Id., *Rabdocidaris nobilis*, pars, p. 68, pl. XIII, fig. 2.

Test de grande taille ; aires ambulacraires inconnues. Tubercules largement developpés, peu saillants, fortement crénelés à la base ; scrobicules subelliptiques à la base du test, circulaires en dessus, peu déprimés, entourés d'un cercle de granules espacés et distincts, mais qui ne forment pas un bourrelet saillant ; zone miliaire large, un peu déprimée, remplie de granules inégaux, serrés, quelquefois allongés, mais qui ne diminuent pas sensiblement de volume, en se rapprochant du milieu de la zone.

Radioles très-longs, grêles, cylindriques, garnis de fortes épines éparses, subtriangulaires, espacées ; dans quelques exemplaires, qu'on rencontre associés aux premiers, les épines sont moins fortes, plus serrées, plus nombreuses et de tailles irrégulières. L'espace intermédiaire entre les épines paraît le plus souvent lisse, mais il est en réalité garni de stries longitudinales serrées et très-fines, qui ne sont visibles que dans les radioles les mieux conservés et s'effacent très-facilement. Les épines de la tige cessent d'exister à une grande distance de la collerette ; les dernières épines sont aussi saillantes que les autres. Collerette parfaitement limitée, toujours visiblement striée. Bouton très-gros ; anneau très-saillant, strié ; facette articulaire fortement crénelée.

Dimensions : longueur inconnue ; largeur, 4 1/2 mill.

RAPPORTS ET DIFFÉRENCES . — Les nombreux radioles de cette espèce, que M. Dumortier m'a communiqués, sont identiques, sauf leur taille plus forte, à ceux que MM. Desor et de Loriol ont décrits et figurés, sous le nom de *Cidaris spinosa*, et je n'ai pas hésité à les réunir, tout en plaçant l'espèce dans le genre *Rabdocidaris*, auquel elle me paraît appartenir, par la forme allongée de ses radioles, les fortes épines dont leur tige est couverte, l'énorme développement du bouton et les crénelures très-accusées que présente la facette articulaire. Associées à ces radioles, se montrent de larges plaques interambulacraires, qui présentent également les caractères des *Rabdocidaris ;* je les rapporte provisoirement et d'autant plus volontiers au *Rabdocidaris spinosa,* que leurs tubercules larges et très-fortement crénelés s'adaptent parfaitement au bouton si fortement développé de nos radioles : ces plaques se rapprochent du *Rabdocidaris nobilis ;* elles en diffèrent cependant par leurs tubercules plus largement scrobiculés, entourés d'un cercle de granules moins gros et moins distincts, et présentant au contraire des granules plus développés dans la zone miliaire. Il serait très-possible que le radiole figuré par MM. Desor et de Loriol, pl. XIII, fig. 2, de l'Échinologie helvétique, et considéré par ces auteurs comme un radiole du *Rabdocidaris nobilis*, dût être réuni au *Rabd. spinosa*, dont il ne me paraît s'éloigner par aucun caractère appréciable.

Localités : le Ravin, r. ; la Pouza, la Clapouze, c. c.

En Suisse cette espèce a été rencontrée dans les couches de Birmensdorf à Birmensdorf (Argovie), à Soyères et à la Combe d'Échert (Jura bernois).

EXPLICATION DES FIGURES : Pl. IV, fig. 19, radiole du *Rabdocidaris spinosa*, de la Pouza, de grandeur naturelle, non entier; fig. 20, autre fragment montrant le bouton; fig. 21, autre fragment de tige; fig. 22, le même grossi deux fois ; fig. 23, plaque interambulacraire, de la Pouza, de grandeur naturelle; fig. 24, la même, du côté intérieur ; fig. 25, deux plaques plus petites, de grandeur naturelle.

GENRE HETEROCIDARIS

COTTEAU, 1860.

7. Heterocidaris Dumortieri COTTEAU

Pl. IV, fig. 26 et 27

Nous ne connaissons de cette espèce que quelques fragments incomplets ; ils indiquent une espèce de grande taille, présentant, dans chacune des aires interambulacraires, vers l'ambitus, huit à dix rangées de tubercules très-gros, homogènes, fortement crénelés et perforés, entourés d'un scrobicule large et superficiel. Les granules qui accompagnent ces tubercules sont inégaux, quelquefois mamelonnés, assez irrégulièrement disposés. Les plaques coronales sont longues, étroites, subflexueuses, et les tubercules, qui les recouvrent, forment des rangées horizontales régulières ; tous les autres caractères sont malheureusement inconnus.

Ces fragments, par leur taille, la grosseur et la disposition des tubercules interambulacraires, offrent beaucoup de rapports avec l'*Heterocidaris Trigeri*, de l'étage Bajocien de la Sarthe, et j'aurais hésité à les en séparer, quand à présent, si ce n'eût été la grande différence d'étages et aussi quelques dissemblances dans la disposition des granules qui accompagnent les tubercules principaux

Le genre *Heterocidaris* est extrêmement curieux et forme,
par l'ensemble de ses caractères, un type en quelque sorte
intermédiaire entre la famille des Cidaridés d'une part, et
celle des Diadématidés de l'autre. Je ne connaissais que deux
espèces de ce genre, l'*Heterocidaris Trigeri*, qui a servi de
type et est très-complet, et l'*Heterocidaris Wickense* d'Angleterre, décrit par M. Wright sur quelques plaques isolées.
Ces deux espèces appartiennent à l'étage Bajocien; la troisième espèce, que je viens de décrire, a été rencontrée par
M. Dumortier dans l'étage oxfordien : les fragments qu'il
m'a communiqués, s'il est difficile de les caractériser comme
espèce, ne laissent du moins aucun doute sur leur identité
générique, et démontrent que ce type remarquable, après
s'être développé en France et en Angleterre pendant l'épo-
que Bajocienne, a persisté jusque dans les couches oxfordiennes.

Localités : la Pouza, la Clapouze, r.

EXPLICATION DES FIGURES : Pl. IV, fig. 26, *Heterocidaris Dumortieri*, plaques coronales, prises vers l'ambitus, fragment
de test, de grandeur naturelle, de la Clapouze; fig. 27, autre
fragment, vu du côté intérieur.

GENRE HEMIPEDINA

WRIGHT, 1855.

8. Hemipedina Guerangeri COTTEAU

1858. Cotteau et Triger. Échinides du départ. de la Sarthe,
p. 113, pl. XXI, fig. 2-7 et p. 399.
1858. Desor. Synops. des Éch. foss., p. 440.

1868. Cotteau. Note sur quelques musées de la Suisse et
    de l'Allemagne (Bullet. Soc. de Sc. et hist. nat. de
    l'Yonne), t. XXIII, p. 21.

M. Dumortier a recueilli un seul exemplaire de cette
espèce, assez mal conservé, mais cependant parfaitement reconnaissable à sa forme circulaire, légèrement renflée en
dessus, presque plane en dessous, à ses pores simples, à ses
aires ambulacraires garnies de deux rangées de petits tubercules, apparents seulement à la face inférieure, à ses aires
interambulacraires larges, présentant deux rangées de tubercules principaux très-espacés, perforés et non crénelés, au
nombre de cinq à six par rangées et accompagnés seulement de quelques petits tubercules secondaires disposés sans
ordre à la base et vers l'ambitus, à son appareil apical
relativement très-grand, presque lisse et non saillant ; à son
péristome médiocrement entaillé et s'ouvrant à fleur du test.

L'exemplaire qui m'a été communiqué est de taille relativement assez forte, la hauteur est de 7 mill. et son diamètre de
12 mill.

RAPPORTS ET DIFFÉRENCES : Cette jolie espèce se rapproche
de l'*Hemipedina Natheimensis*, du coralrag de Natheim, cependant elle s'en distingue par ses tubercules interambulacraires rares, espacés, beaucoup plus gros que les tubercules
ambulacraires, et par la structure toute particulière de son
appareil apical.

    Localité : la Clapouze, r. r.

Ainsi que je le disais, dans mes Échinides de la Sarthe,
p. 399, l'*Hemipedina Guerangeri*, bien que partout fort rare,
occupe un vaste horizon. Le type que j'ai décrit et figuré
pour la première fois, en 1858, provient d'Écommoy (Sarthe) ; je l'ai recueillie à Sennevoy (Yonne) et à Laignes (Côte-

d'Or), dans les marnes à Scyphies de l'étage oxfordien. En
Suisse, M. de Loriol l'a rencontrée dans les couches de Birmensdorf et j'en ai vu, dans le musée de Stuttgart, plusieurs
exemplaires provenant des mêmes couches, du Wurtemberg.

TABLEAU GÉNÉRAL DES FOSSILES

DES TROIS LOCALITÉS

Les espèces nouvelles sont marquées par un astérisque.

DÉSIGNATION	LE RAVIN	LA POUZA	LA CLAPOUZE
Sphenodus longidens AGASSIZ. . . .	. . .	r.	r.
Belemnites Privasensis MAYER. . . .	c.	c.	c.
Belemnites semi hastatus BLAINVILLE. .	. . .	r.	r.
Belemnites Sauvaneausus D'ORBIGNY. .	r.	. . .	r.
Belemnites Coquandus D'ORBIGNY. . .	r.	. . .	r.
Belemnites Clucyensis MAYER	. . .	r.	. . .
*Rhyncholites Cellencis Nov. Sp. . . .	r.	r.	. . .
*Rhyncholites Cameræ Nov. Sp. . . .	r.	. . .	. . .
Aptychus. . . à lamelles serrées. . . .	r.	r.	c.
Aptychus. . . à lamelles larges. . . .	r.	r.	c.
Ammonites oculatus PHILLIPS	. . .	. . .	r. r.
Ammonites Fraasi OPPEL.	. . .	. . .	r.
Pleurotomaria Babeauana D'ORBIGNY .	. . .	. . .	r.
Pleurotomaria Niphe D'ORBIGNY. . .	. . .	. . .	r.
Serpula planorbiformis M. in GOLDFUSS.	. . .	. . .	c. c.
*Serpula Polyphema Nov. Sp.	. . .	. . .	r.
Serpula delphinula GOLDFUSS. . . .	. . .	. . .	r. r.
Serpula plicatilis M. in GOLDFUSS. .	. . .	. . .	r.
*Lucina basaltis Nov. Sp.	. . .	. . .	r.
Nucula Hammeri DEFRANCE.	. . .	r.	r.
*Gastrochæna Falsani Nov. Sp. . . .	. . .	. . .	r.
Lima Phillipsi D'ORBIGNY.	. . .	. . .	r.
Lima Sp..	. . .	c. c.	. . .
Rhynchonella oxyoptycha FISCHER. . .	. . .	r.	c. c.
*Rhynchonella corculum Nov. Sp.. . .	. . .	r. r.	c. c.
Rhynchonella Fürstenbergensis QUENS-TETD Sp.		. . .	c.
Rhynchonella Fischeri ROUILLER. . .	. . .	. . .	r.
Rhynchonella personata V. BUCH Sp. .	. . .	. . .	c.
Terebratula dorsoplicata SUESS. . . .	. . .	. . .	c. c.
Terebratula subrugata E. DESLONGCH. .	. . .	r.	c. c.
Terebratula nucleata SCHLOTHEIM Sp. .	. . .	. . .	r. r.
Terebratella loricata SCHLOTHEIM Sp. .	r.	. . .	. . .
Cidaris laviuscula AGASSIZ	. . .	r.	c.
Cidaris filograna AGASSIZ	r.	c. c.	c. c.

DÉSIGNATION	LE RAVIN	LA POUZA	LA CLAPOUZE
Cidaris Cartieri DESOR	c.	r. r.	r.
Cidaris Schloenbachi MOESCH	. . .	r. r.	. . . .
Cidaris pilum MICHELIN	r.	r.	r.
Rabdocidaris spinosa AGASSIZ Sp. . .	r.	c. c.	c. c.
Heterocidaris Dumortieri COTTEAU . .	. . .	r.	r.
Hemipedina Guerangeri WRIGHT . .	. . .	. . .	r. r.
Pentacrinus subteres GOLDFUSS . .	r.	r.	r.
Pentacrinus cingulatus M. in GOLDFUS.	. . .	. . .	r.
Pentacrinus pentagonalis GOLDFUSS . .	. . .	r.	. . .
Millericrinus . . . à surface striée . .	. . .	c. c.	c.
Millericrinus . . . à surface rugueuse . .	. . .	c. c.	c.
Eugeniacrinus caryophyllatus GOLDF. Sp	r.	c.	c. c.
Eugeniacrinus nutans GOLDF. Sp. . .	. . .	c. c.	c.
Eugeniacrinus fenestratus Nov. Sp. .	. . .	r.	c. c.
Asterias impressæ QUENSTEDT. . . .	. . .	c. c.	c. c.
Cnemiseudea rotula GOLDF. Sp. . . .	c.	. . .	. . .
Cnemiseudea suberea Nov. Sp. . . .	c.	. . .	. . .
Eudea Buchi, GOLDF. Sp.	c.	. . .	. . .
Epeudea prægnans Nov. Sp.	r. r.	. . .	. . .
Siphonocœlia cylindrica GOLDF. Sp. .	. . .	. . .	c.
Elasmoierea palmicea Nov. Sp. . . .	r.	. . .	. . .
Cribroscyphia inversa Nov. Sp. . . .	c. c.	. . .	c.
Cribroscyphia texta GOLDF. Sp. . . .	c.	. . .	r.
Cribroscyphia psilopora GOLDF. Sp. . .	r.	. . .	r.
Gonioscyphia cancellata GOLDF. Sp. . .	c. c.	r.	r.
Gonioscyphia dichotomans GOLDF Sp. .	c. c.	r.	r.
Cameroscyphia marginata M. in GOLDF.	. . .	. . .	r.
Porostoma multiforis Nov. Sp. . . .	r.	. . .	. . . .
Cupulochonia patella GOLDF. Sp. . .	c.	. . .	. . .
Enautofungia rimulosa GOLDF. Sp. . .	r.	. . .	c.

D'UN NIVEAU DIFFÉRENT, MAIS TRÈS-RAPPROCHÉ

Ammonites Rhodanicus Nov. Sp. . . .   Châteaubourg

Posidonomya Dalmasi Nov. Sp. . . .   Environs de Privas.

TABLE

FIN DE LA TABLE

LYON. — IMP. PITRAT AINÉ, RUE GENTIL, 4.

PLANCHE 1

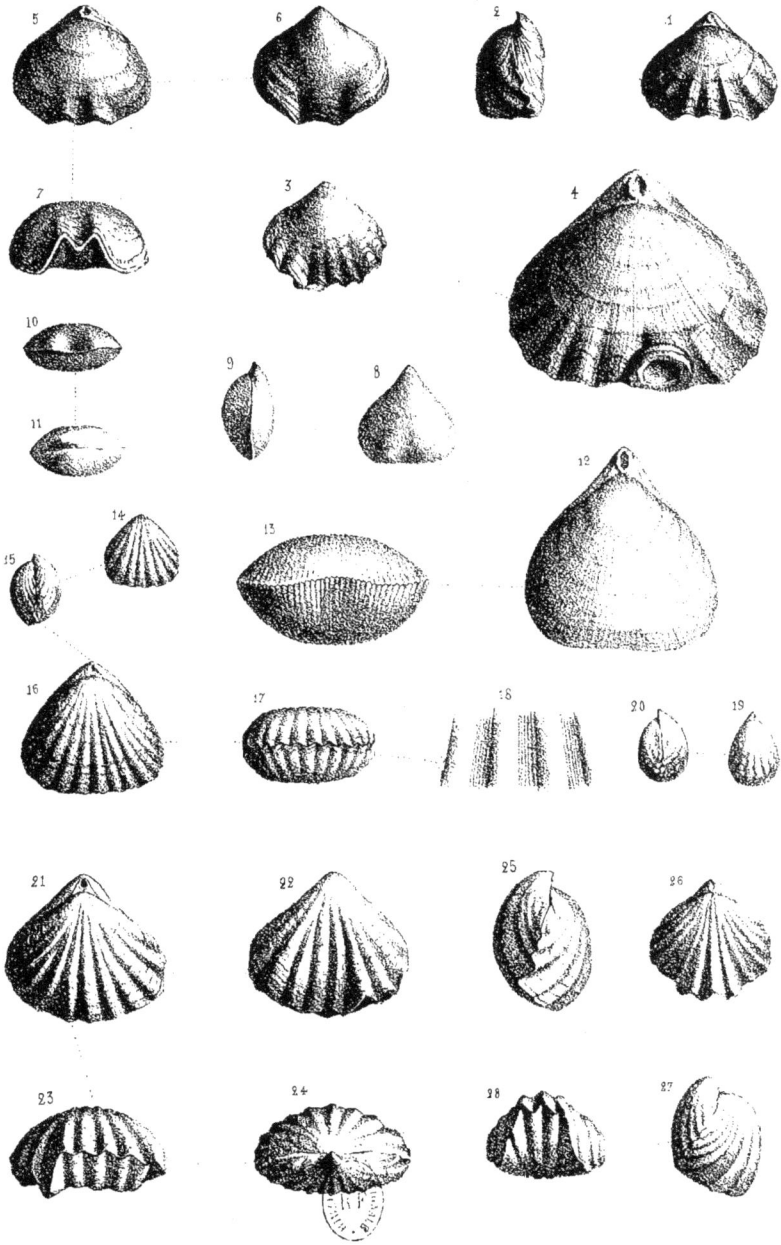

Ad nat. in lap. J. Bérard   Lyon. Lith. G. Marmorat

PLANCHE II

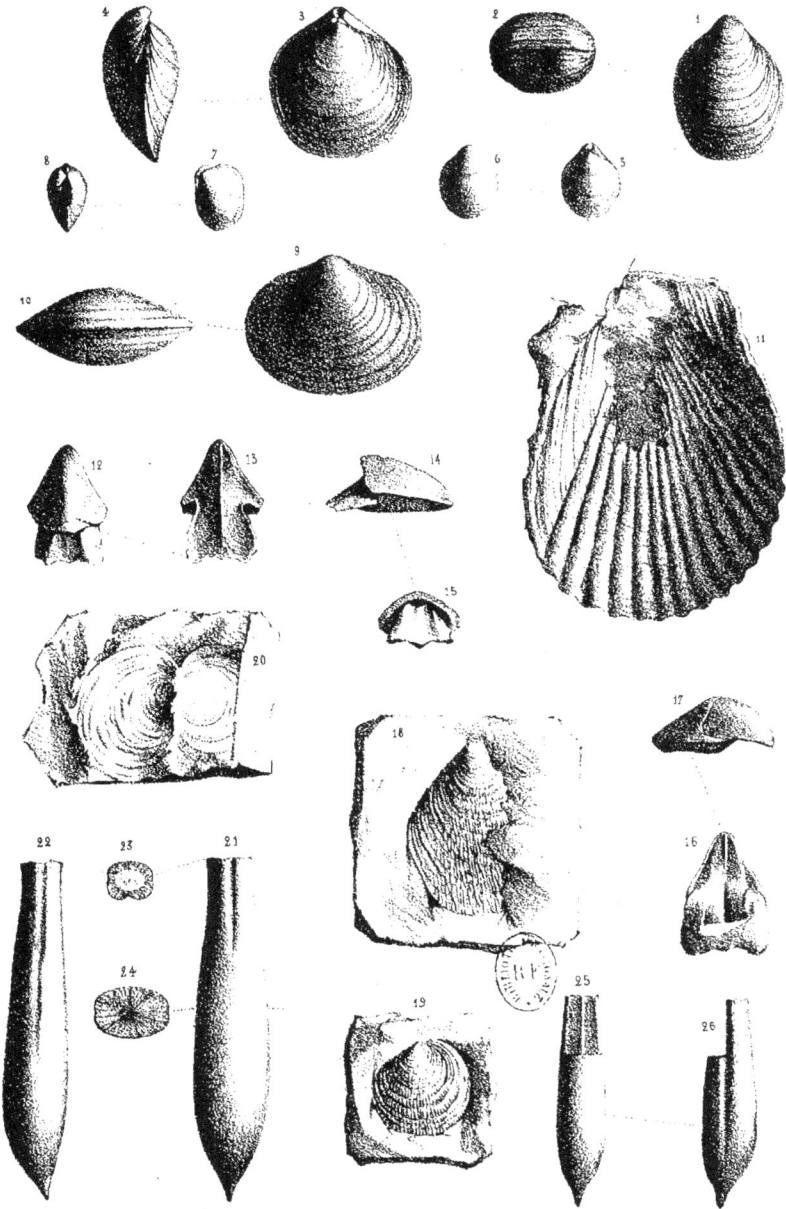

Oxfordien inférieur de l'Ardèche   Pl. II.

Ad nat. in lap. J. Bérard.

Lyon, Lith. G. Marmorat.

PLANCHE III

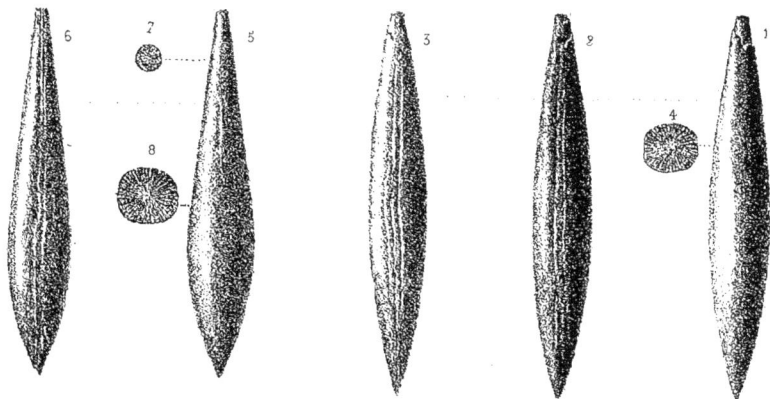

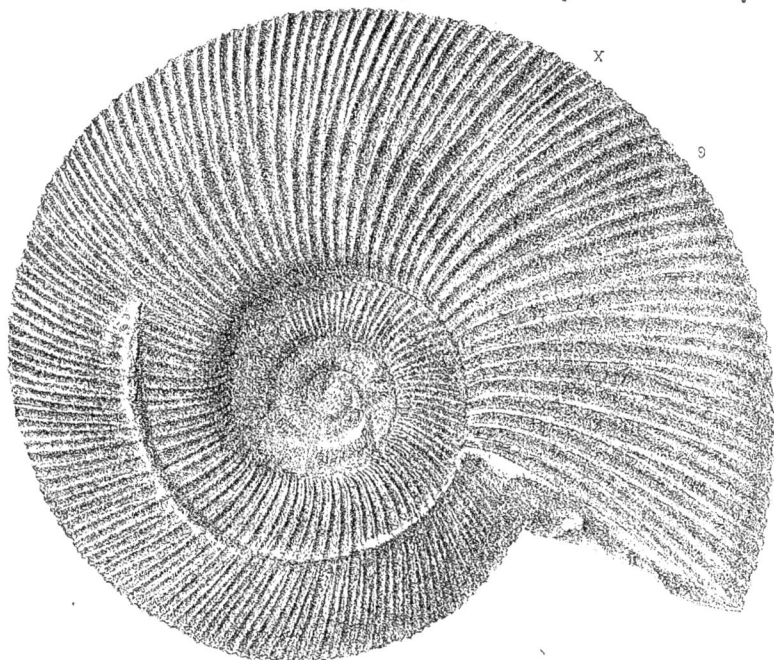

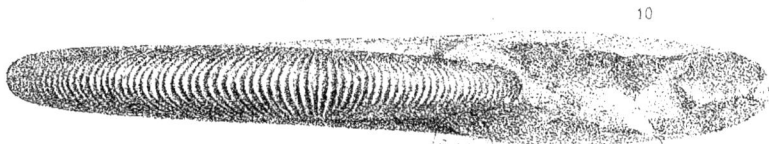

PLANCHE IV

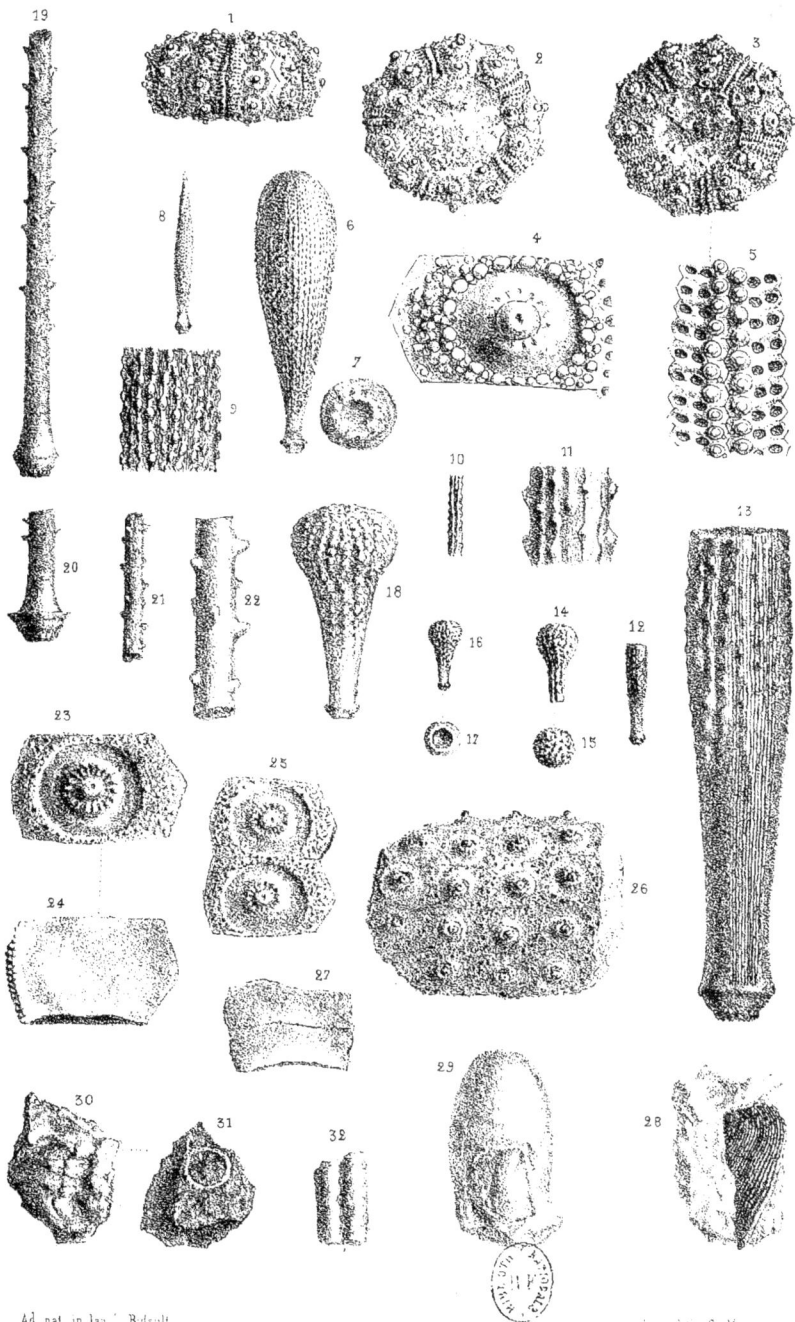

PLANCHE V

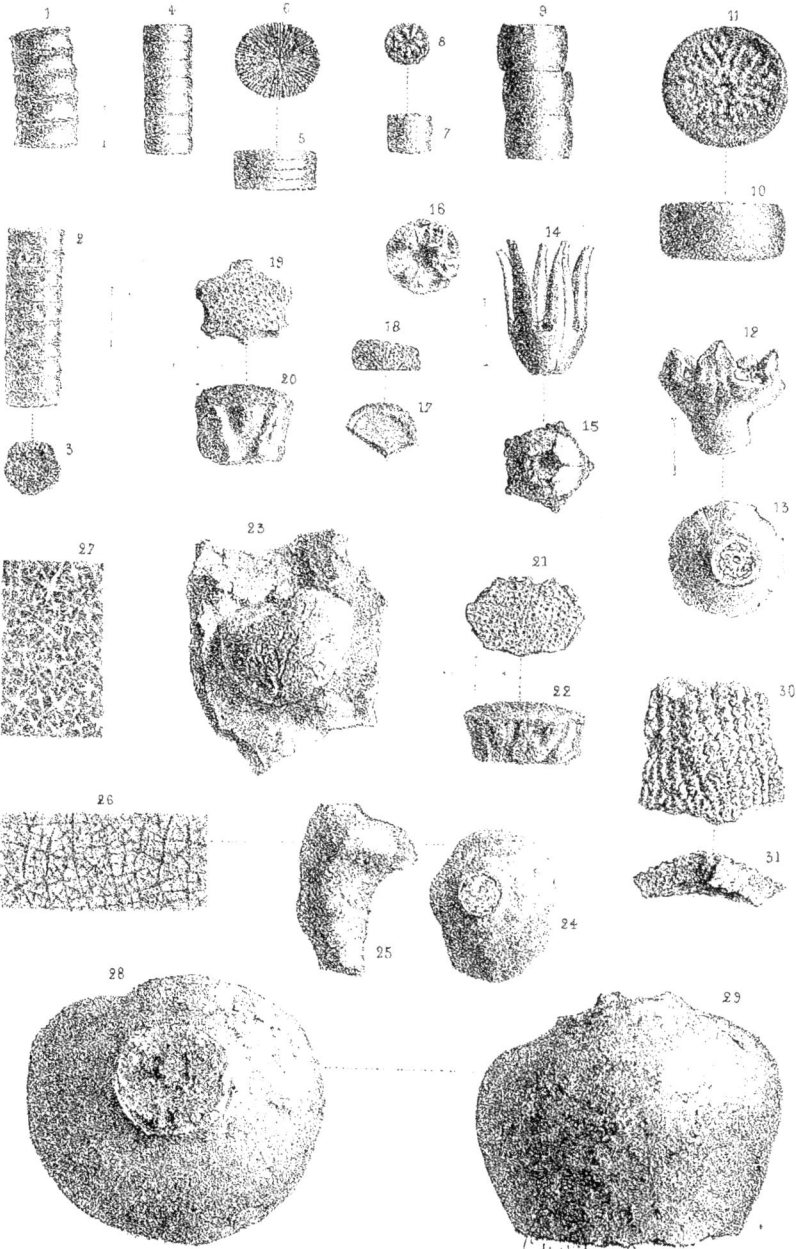

Ad nat in lap L. Bidault   Lyon Lith. G. Marmorat

PLANCHE VI

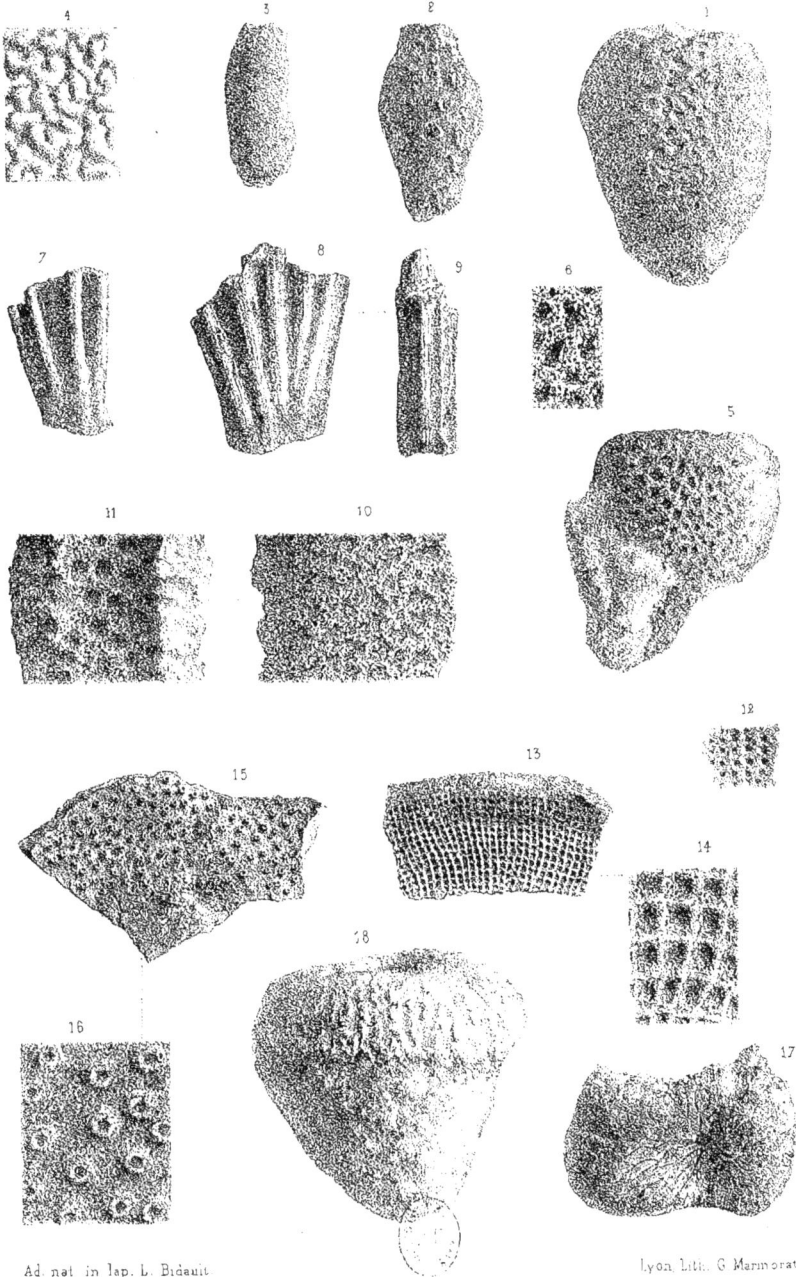

Ad. nat. in lap. L. Bidault   Lyon. Lith. G. Marmorat

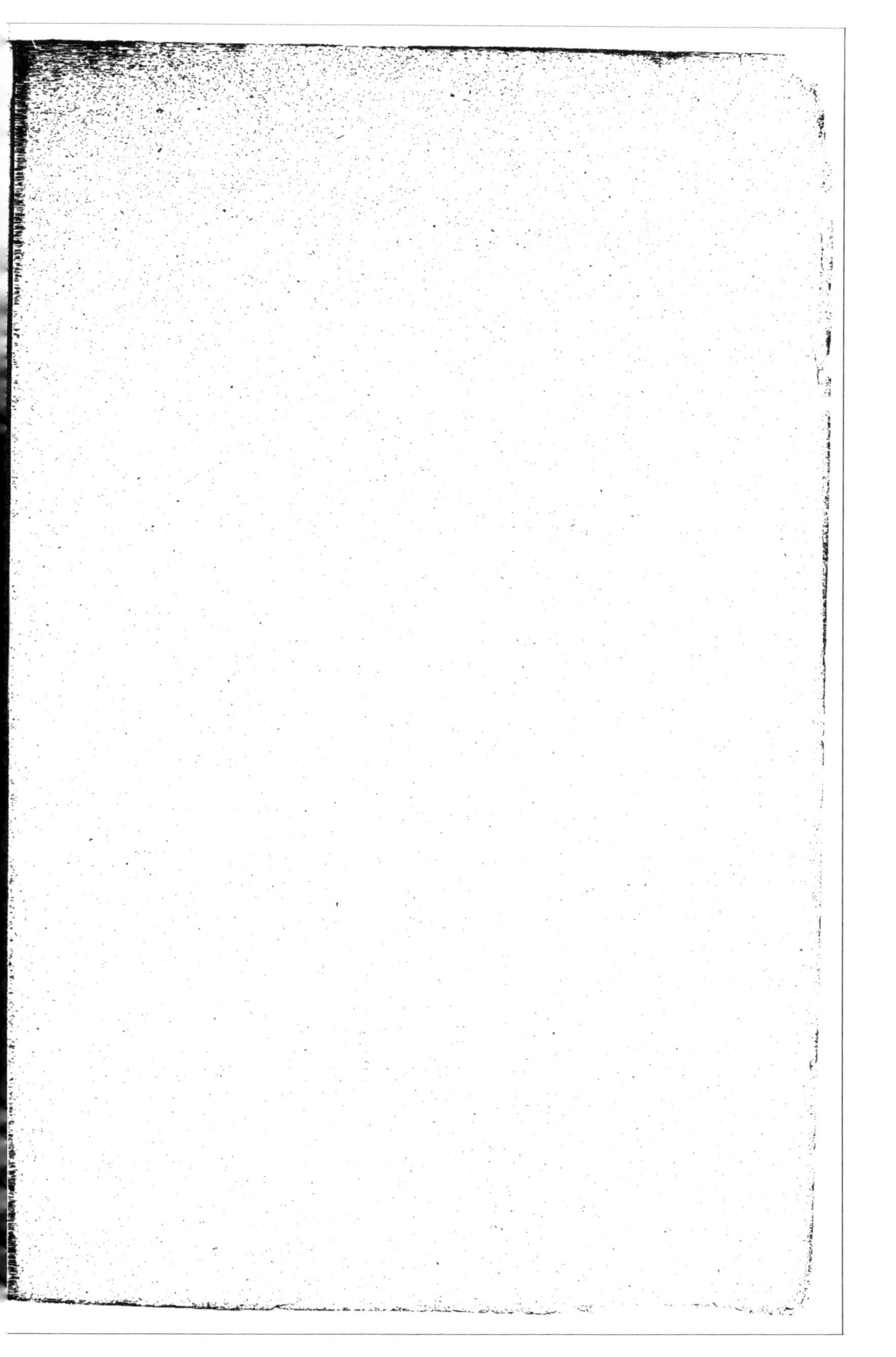

MÊMES LIBRAIRIES

NOTES SUR QUELQUES FOSSILES PEU CONNUS OU MAL FIGURÉS DU LIAS MOYEN, par M. E. DUMORTIER. 1857, 1 vol. in-8, avec 8 planches. . . . . 3 fr. 50

ÉTUDES PALÉONTOLOGIQUES SUR LES DÉPOTS JURASSIQUES DU BASSIN DU RHONE, par M. EUGÈNE DUMORTIER.

> PREMIÈRE PARTIE. **Infrà-Lias**. 1864, 1 vol. in-8, avec 30 planches. 20 fr.

> DEUXIÈME PARTIE. **Lias inférieur**. 1867, 2 vol. in-8, avec 50 planches. . . . . 30 fr.

> TROISIÈME PARTIE. **Lias moyen**. 1869, 1 vol. in-8, avec 45 planches. . . . . 30 fr.

La QUATRIÈME PARTIE, qui comprendra le **Lias supérieur**, est en préparation.

LYON. — IMPRIMERIE PITRAT AINÉ, RUE GENTIL, 4.

www.ingramcontent.com/pod-product-compliance
Lightning Source LLC
Chambersburg PA
CBHW071207200326
41519CB00018B/5409